KB070742

하버드 부모들은
어떻게 키웠을까

하버드 부모들은
어떻게 키웠을까

명문대 학생들의 성장 과정을 추적 조사한
하버드 프로젝트가 밝힌 성공의 8가지 공식

THE FORMULA

로널드 F. 퍼거슨, 타샤 로버트슨 지음 | 정미나 옮김

웅진 지식하우스

옮긴이 **정미나** 출판사 편집부에서 오랫동안 근무했으며, 이 경험을 토대로 현재 번역 에이전시 하니브릿지에서 출판기획 및 전문 번역가로 활동하고 있다. 주요 역서로는 『최고의 학교』, 『아이의 미래를 바꾸는 학교혁명』, 『기다리는 부모가 큰 아이를 만든다』, 『소리치지 않고 때리지 않고 아이를 변화시키는 훈육법』, 『평균의 종말』, 『다크호스』, 『위대한 정치의 조건』 등 다수가 있다.

하버드 부모들은 어떻게 키웠을까

초판 1쇄 발행 2019년 10월 14일
초판 6쇄 발행 2022년 8월 26일

지은이 로널드 F. 퍼거슨, 타샤 로버트슨 **옮긴이** 정미나

발행인 이재진 **단행본사업본부장** 신동해
편집장 김경림 **마케팅** 최혜진, 신예은 **홍보** 최새롬
국제업무 김은정 **제작** 정석훈

브랜드 웅진지식하우스
주소 경기도 파주시 회동길 20
문의전화 031-956-7350(편집) 031-956-7087(마케팅)
홈페이지 www.wjbooks.co.kr
페이스북 www.facebook.com/wjbook
포스트 post.naver.com/wj_booking

발행처 ㈜웅진씽크빅
출판신고 1980년 3월 29일 제406-2007-000046호

한국어판출판권ⓒ ㈜웅진씽크빅 2019
ISBN 978-89-01-23723-7 03590

현재의 우리가 있게 해준 모든 이들에게 이 책을 바칩니다.

지금 부모이거나 부모가 될 계획이라면 이 책을 꼭 읽어보길 바란다. 아이가 진정한 의미에서 성공하도록 도울 의지가 있다면 당신이 할 수 있는 일은 아주 많다. 나무랄 데 없이 촘촘한 구성으로 흡인력 있게 써 내려간 이 책은 부모들에게 더할 나위 없는 만족감을 줄 것이다.

앤절라 더크워스, 『그릿』 저자

아이의 잠재력을 키워주기 위해 부모가 어떠한 역할을 해야 하는지 알려주는 알찬 책이다. 하버드생들이 들려주는 생생한 이야기를 따라가다 보면, 자녀를 똑똑하고 행복하게 키우기 위해 부모가 무엇을 해야 하는지가 명확해진다.

캐럴 S. 드웩, 스탠퍼드대학교 교수. 『마인드셋』 저자

아이의 든든한 지지자이자 전략적 파트너가 되어주고 싶은가? 이 책을 통해 높은 학업 성취를 이룬 사람들과 그 부모들을 만나보라. 어디에서도 알려주지 않았지만 당신에게 가장 필요한 지식을 배우게 될 것이다.

브리제트 테리 롱, 하버드 교육대학원 학장

40년 넘게 교육 세계를 접해오면서 아이의 성공이 오로지 성적이나 표준화 시험만으로 좌우되지 않는다는 사실을 깨달았다. 성공은 다른 무엇보다 가정에서 부모가 자녀에게 최대한의 잠재력을 발휘하도록 도와줄 때 비로소 그 싹이 움튼다. 이 책은 최근의 과학적 연구결과와 실제 사례를 바탕으로 성공한 자녀를 키우기 위해 부모가 어떻게 가르치고, 동기와 자율을 길러줄지에 대한 명확한 공식을 제시해주고 있다.

존 카우치, 애플 수석 고문이자 전 교육 담당 부사장. 『공부의 미래』 저자

사회과학자들이 좀처럼 다루지 않는 중요한 문제를 추적한 책이다. 인종이나 계층, 국적을 막론하고, 인생에서 비범한 성공을 이루는 인물로 성장시키기 위해 부모가 펼쳐주는 공통적인 역할을 다루고 있다. 퍼거슨과 로버트슨은 세상을 변화시키고 있는 인물들의 흥미로운 이야기들을 설득력 있게 분석해 놓았다. **윌리엄 줄리어스 윌슨, 하버드대학교 사회학 교수**

자녀교육은 아이에게 잠재력을 최대한 발휘하기 위한 가장 중요한 자산이다. 교육이 빈곤층과 중산층 자녀 간의 학업적·사회적 격차에 큰 영향을 미친다는 것이 내 확고한 소신이기도 하다. 아이를 잘 키우기 위해 어떤 교육을 해야 하고, 또 그 근거가 무엇인가는 그동안 풀기 어려운 난제였다. 이 책에는 이 어려운 문제를 풀어나갈 답이 담겨 있다. 지금까지 내가 만난 그 어떤 책보다 자녀교육 문제를 분석적이며, 포괄적으로 다룬 책이다. 세상의 모든 부모, 더 나아가 빈곤층 아이들을 위해 성

취도 격차를 종식시키는 문제에 관심 있는 이들이라면 꼭 읽어야 할 필독서이다. **제프리 캐나다, 빈민층 교육을 위한 대안학교 할렘칠드런스존 설립자**

이 책은 자녀가 성공하고 행복하게 성장하길 바라는 부모에게 반드시 필요한 지침서다. 예비 부모는 물론이고 이미 사춘기 자녀를 둔 부모에게도 도움이 될 연구 내용이 알차다. 하지만 아직 결혼하지 않은 청년과 사회 준비생들도 읽어보길 권한다. 비록 부모님께서 하버드 프로젝트가 밝히는 여덟 가지 법칙을 미처 몰랐다 한들 본인에게 아직 창창한 미래가 남아 있지 않은가. 잠재력을 극대화하고 활성화하는 일은 꼭 부모만 해줄 수 있는 게 아니라 본인 스스로 할 수 있는 부분이 많음을 알 수 있을 것이다. 이 책이 밝힌 자아실현에 필요하다는 목표 의식, 주체성과 스마트함은 주어지는 게 아니라 각자 선택할 수 있는 요소가 아니던가. 인재는 만들어지는 게 아니라 살아가는 방식임을 다시 한번 상기시켜주고 있다. **조벽, 고려대학교 석좌교수. HD행복연구소 공동 소장**

드라마 〈SKY 캐슬〉에서 보았듯 우리나라 부모들의 자녀교육에 대한 열정과 희생은 그 누구에게도 뒤지지 않는다. 그러나 만족할 만한 결실을 보는 경우는 드문 것 같다. 이 책은 자녀교육에 기꺼이 자신을 희생하려는 부모들에게 전략적인 희생을 통해 더 나은 결실을 보게 하는 지침서

이다. 성공은 대체로 혼자만의 힘으로 이루기 어렵다. 영아기부터 부모나 그에 버금가는 강력한 조력자가 필요하다. 이 책은 성공한 하버드대학교 출신들을 추적해 그들 부모들이 자녀를 영아기부터 성인이 되기까지 어떻게 키웠는지를 밝힌다. 그리고 부모의 학력이나 지위, 경제적 형편에 상관없이 공통적으로 나타난 양육의 비결을 여덟 가지로 정리해 알려주고 있다. 이 비결들을 이해한다면 훨씬 더 나은 결과를 얻을 것이 확실해 보인다. 자녀를 잘 키우고는 싶지만 뜻대로 되지 않아 속상해하고 안타까워하는 모든 부모에게 이 책을 적극 추천한다.

이정숙, 에듀테이너그룹 대표. '언어천재' 조승연의 어머니

이 책은 단순히 '자녀를 명문대에 보내는 법'을 말하는 책이 아니다. 우리 부모님께서 나에게 해주신 것처럼 자녀에게 합리적인 원칙을 제시하고, 신뢰를 주며, 학습의욕을 고취시키는 방법들을 하나하나 짚어주는 부모들을 위한 안내서이다. 자녀가 스스로 정한 목표를 이루어가는 즐거움을 알도록 말이다. 자녀의 인생에 좋은 가이드가 되고 싶은 부모님들이 이 책을 꼭 읽었으면 좋겠다.

안성민, 하버드대학교 수학과 4학년 재학

| 차례 |

PART
1
하버드 학생들은 무엇이 뛰어날까?

무엇이 그들을 특별하게 만들었을까?

아프리카의 미래 지도자

가나의 수도 아크라 외곽에서 태어난 산구 델레는 열네 살이라는 나이에 《타임》지에서 선정한 아프리카의 미래 지도자 25인에 꼽혔다. 그는 최고 우등생의 영예를 안으며 문학 학사 학위를 취득했고, 경영학 석사와 법학 박사까지 모두 하버드대학교에서 이수했다.

산구는 하버드대학교 재학 시절 한 연구 프로젝트 인터뷰에서 현재의 행복도를 1에서 5 사이 점수로 매겨달라는 질문을 받은 적이 있다. 1은 행복하지 못한 상태이고, 5는 아주 행복한 상태를 나타내는 이 질문에서 산구는 이렇게 대답했다. "4점이요. 전 정말 축복받은 인생을 살고 있어요." 5점이라고 하지 않은 이유는 인생의 과제가 아직 많이 남아 있었기 때문이다. 마흔까지 이루고 싶은 목표로는 우선 많은 돈을 벌되 되도록 투자로 벌고, 이를 자금 삼아 아프리카의 사회적 기업에 후원하는 것이라고 밝혔다.

산구는 2014년 《포브스》지에서 '가장 촉망받는 젊은 아프리카인 기업가'로 소개되기도 했다. 기사를 보면 당시에 이미 마흔까지의 목표를 대부분 성취한 것을 알 수 있다. 모건스탠리와 골드만삭

스에서 투자자로 큰돈을 번 데다 하버드대 동창들에게 모금한 돈으로 지주회사를 설립하고, 이를 통해 아프리카계 기업인들에게 투자하고 있었다. 그 과정에서 비영리 단체를 세워 가나의 160개 마을에 수자원 시설을 갖춰주기도 했다. 이때 산구는 20대였다.

그 이후로는 아프리카계 기업인들을 위해 수백만 달러를 모금하며, 수백만 뷰를 기록한 두 차례의 TED 강연을 비롯해 아프리카에 대한 투자를 촉구하는 활동을 활발하게 펼치고 있다.

최연소 주의원

2015년 예비경선 당일 밤, 라이언 퀼스는 호텔 복도를 왔다 갔다 하고 있었다. 곧 인생 최고의 저녁을 맞을지, 아니면 최대의 고배를 마실지 결정될 순간이었다. 켄터키주의 농업담당 위원에 출마한 그는 서른두 살의 젊고 잘생긴 농부였다. 그동안 그 누구보다 열심히 선거 유세를 벌였기에 결과에 자신 있다고 생각했는데, 득표가 집계되자 초조함이 몰려왔다. 주 전역에서 인지도가 부족하여 패할 수도 있다는 생각이 자꾸만 들었다. 하지만 상황이 순식간에 뒤집힐 수도 있다고 마음을 다잡으며, 9대째 농부다운 의연함을 발휘했다.

그날 밤 그는 단 1퍼센트포인트 차이로 당선되었다. 몇 주 후에 치러진 총선에서는 민주당 맞수와 20퍼센트포인트 격차로 승리하며 미국 역사상 최연소 주 선출직 관리가 되었다. 라이언이 선거에서 대승을 거둔 것은 이번이 처음은 아니다. 6년 전에도 14년간 재

직한 현직 의원을 이기고 공화당원으로는 냉전 이후 최초로 주 의
석을 차지했다.

라이언에게 이번 당선은 굉장한 성취감을 안겨주었다. 농장집
애송이도 충분히 성공할 수 있다는 생각에 가슴이 벅찼다.

라이언은 농장집에서 자라며 학교에 들어가기 전부터 묘목 세는
일을 했다. 워낙 주의력이 필요한 일이다 보니 산술 능력과 끈기를
키우게 되었고, 덕분에 학교에 들어갈 무렵엔 다른 아이들보다 훨
씬 유리한 위치에 있었다. 아홉 살 때는 근면함과 우수한 성적으로
주의회 의사당에서 사환으로 선발되어 일찍이 정계 진입의 기회
를 얻었다.

이후 켄터키대학교에 입학해 세 개의 전공을 이수하며 최우등생
으로 영예롭게 졸업했다. 더욱 대단한 것은 2년 만에 세 개의 복수
전공 과정을 마치고, 남은 2년 동안 국제무역개발학과와 농업경제
학과에서 석사 과정을 이수한 사실이다. 3학년 때는 명성 높은 트
루먼 장학금 수혜자로 선발되기도 했다. 농업담당 위원으로 당선
되던 무렵엔 법학과 교육학 석사 학위까지 취득한 후였는데, 교육
학 학위는 또 다른 장학금으로 학비 전액을 지원받아 취득했다. 그
는 현재도 여전히 학구열을 불태우며 밴더빌트대학교에서 교육학
박사 과정을 밟으면서 일곱 번째 학위를 준비하고 있다.

카네기홀에 서다

바이올리니스트 매기 영은 줄리아드 음대 경연대회에서 우승하

면서 뉴욕 필하모닉 오케스트라의 전 음악감독인 앨런 길버트와 함께 카네기홀에 올랐다.

흑갈색 머리를 우아하게 올리고 천사 같은 미소를 지으며 매기가 데뷔 무대에 섰다. 이 순간을 수없이 그리며 무대를 가로지를 때의 또각또각 구두굽 소리까지 상상했던 그녀이지만 스트라디바리우스 바이올린을 들고 교향악단을 마주했을 때는 상상한 것 이상의 감격이 밀려왔다.

다음 날 《뉴욕타임스》는 매기를 집중 조명했다. 감각적이고 원숙한 공연이었다는 찬사에 힘입어 매기는 그 뒤로 미국과 멕시코로 격찬 릴레이를 이어갔다. 매기는 중학생 때부터 현악기를 연주하는 형제들과 주말마다 뉴욕 공연예술회관에서 연주 기예를 익혔다. 하지만 그녀가 카네기홀에 오르기까지의 근원은 훨씬 더 이전으로 이어져 있다. 바로 어머니에게 바이올린을 배우기 시작하던 세 살 때부터다.

성공이 시작되는 곳

지금까지 소개한 세 인물이 이룬 성공의 근원은 무엇일까?

매기는 걸음마를 뗀 서너 살 때 롱아일랜드의 집 거실에서 턱 밑에 유아용 바이올린을 받치고 서 있던 순간을 생생히 기억한다. 그때 발 모양이 그려진 차트를 밟고 가만히 서 있느라 매우 애를 먹었고, 그 모습을 찻잔을 든 어머니가 유심히 지켜봤다.

서너 살 된 아이를 가만히 서 있게 하다니, 어머니의 행동이 지나치다고 생각할 수도 있다. 하지만 사실 이는 어린아이에게 가르치는 글자 읽기나 블록 놀이와 별 차이가 없다. 더욱이 이 습관은 매기가 뛰어난 연주자로 성장하는 데에 중요한 씨앗이 되었다.

"세 살 때는 몸을 꼼지락거려도 그다지 문제될 게 없지만 교향악단 앞에 서서 차이콥스키 곡을 연주할 때는 몸을 이리저리 움직였다간 100여 명의 연주 소리를 뚫고 나올 연주음을 낼 수 없어요. 물리적 특성상 그래요." 매기가 직접 들려준 얘기다.

라이언 퀼스의 높은 학업 성취와 리더십의 뿌리를 거슬러 올라가면 '되든 말든 일단 덤벼보자'라는 삶의 태도가 존재한다. 또한 어린아이도 거들 일이 있는 농장에서 보낸 유년기와 항상 높은 기준을 세웠던 아버지의 교육 방침과도 맞닿아 있다.

산구가 성공할 수 있었던 비결은 두 살 때 어머니에게 배운 글 읽는 법과 유치원에 들어가기 전 아버지와 나눈 대화로 이어진다. 아침 일찍 나눈 이 대화에는 간밤에 벌어진 일이 자주 화제가 되었다. 라이베리아나 시에라리온 전쟁 난민들이 이야기할 곳을 찾아 아버지를 만나러 오면 곁에 앉아 열심히 들어두었다가 다음 날 아버지와 그 일에 대해 대화를 나누었다.

이처럼 산구와 라이언, 매기를 비롯해 큰 성취를 이룬 사람들이 걸어온 인생 여정을 파고들어 가 보면 금세 비범한 특징이 들어온다. 바로 같은 원칙을 따라 걸어온 부모들의 동일한 궤적이다. 가정마다 상황이 다르고 자녀들의 관심사나 재능이 달라서 겉보기엔 유사한 특징이라곤 없어 보인다. 하지만 우리가 살펴본 결과,

들어가는 글

이들 각 자녀가 자아실현과 성공에 이르기까지 교육받아온 여정은 굉장히 유사했다. 그것도 계층과 인종을 막론하고 말이다.

성공한 자녀를 둔 어느 패스트푸드점 직원의 교육 철학과 마찬가지로 자녀를 훌륭하게 키운 어느 판사의 교육 철학은 서로 아주 유사했다. 카리브해 연안에서 아이비리그 명문대에 진학한 아들을 키워낸 어느 부모는 본인도 의식하지 못하는 사이에 1세기 전 알베르트 아인슈타인의 어머니가 행한 양육법을 그대로 따랐다. 그런가 하면 로스앤젤레스로 이민을 와 할리우드의 여러 집에서 청소 일을 하며 근근이 살아가던 한 부모는 미국의 전 대통령과 똑같은 스타일의 양육법을 펼쳤다.

이렇게 서로 다른 배경에서 자녀를 동일한 방법으로 교육할 수 있었던 이유는 무엇일까? 그저 남들보다 한발 앞서갔을 뿐일까? 의식하든 그렇지 않든 간에, 자녀교육에 대한 일종의 청사진을 따른 것은 아니었을까? 그렇다면 이러한 청사진을 다른 부모들에게 전해주는 일도 가능하지 않을까?

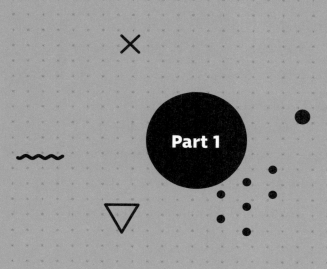

Part 1

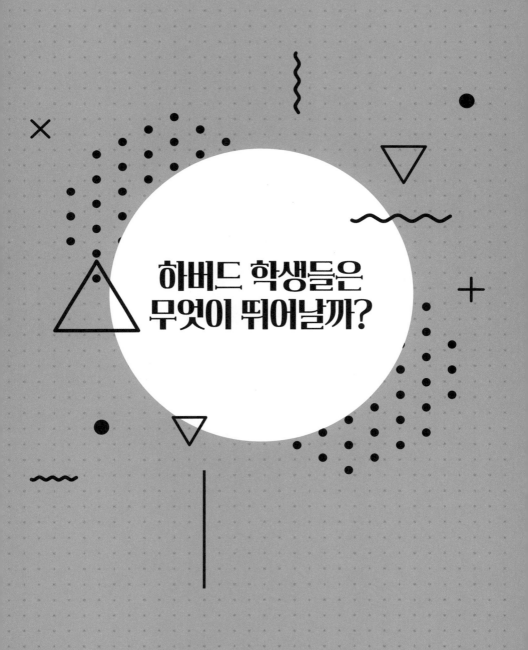

하버드 학생들은
무엇이 뛰어날까?

Chapter 1

하버드 학생들이 말하는 성공의 비밀

주변을 둘러보면 어릴 때는 수재 소리를 듣다가 커서는 평범한 인생을 사는 사람이 한 명쯤 있다. 그래서 라이언, 산구, 매기 등 큰 성공을 이룬 사람들을 보면 감탄하면서도 또 한편으로는 자연스럽게 궁금증이 든다. 성공할 수 있었던 비결이 뭘까? 타고난 재능 덕분일까? 재능을 잘 살릴 수 있었던 방법은 뭘까? 우리가, 혹은 우리 부모님이 뭔가를 달리했더라면 우리도 저만한 성공을 거둘 수 있었을까?

시중에는 이러한 궁금증에 답해주고자 하는 책들이 무수히 많다. 하지만 성공한 자녀에게만 초점을 맞출 뿐 그 너머까지 살펴본 책은 거의 없다. 대다수 책이 자녀의 성공과 부모의 양육이 어떻게 연관되어 있는지는 미처 살펴보지 못하고 있다. 출생부터 성인기 초기까지의 전 기간을 두루 살펴보는 경우 또한 드물다.

한편 사회과학 연구는 유년기의 문제점과 부모가 이를 예방하거나 바로잡아줄 방법에만 치우쳐 있다. 아이의 성취도를 높여주기 위한 부모의 역할에는 무관심하며, 자식의 성공에 부모의 교육 방식이 미치는 영향을 조사하는 경우도 드물다.

이제는 정설로 자리 잡은 출생 후 떨어져 자란 쌍둥이의 연구 결과부터 아동의 언어처리 능력이 생후 몇 년 사이에 결정된다는 최근의 연구까지, 과학은 양육의 중요성을 확증해주는 연구들을 쏟아내 왔다. 하지만 남다른 두각을 보인 성인들의 연구사례를 읽어보면 그들이 어떻게 그러한 눈부신 고지에 이르게 되었는지 알 길이 없다. 성공한 사람들의 부모는 자녀의 성공에 어떤 식으로 기여했을까? 우리는 그들의 양육 방식에서 어떻게 실용적인 교훈을 얻을 수 있을까?

이러한 교훈은 블랙박스의 내부처럼 숨겨져 있어 잘 보이지 않는다. 과학이나 공학 기술 분야에서 블랙박스란 한쪽으로 들어갔다가(입력) 형태가 바뀌어 다른 쪽으로 나오게 되는(출력) 물체나 시스템이다. 우리는 어떤 아이들이 특출난 성인으로 자란 것만 보게 될 뿐 그러한 결과가 나타난 이유는 모른다. 그것은 그 박스 안으로, 그러니까 양육이 행해지는 가정 안으로 들어가서 내부 상황을 들여다보지 않았기 때문이다. 그저 출력물인 탁월한 성인에만 주목하기 때문이다.

성공한 사람들의 공통된 패턴

의학에서는 치료를 받지 않는 그룹인 대조군과 치료를 받는 그룹으로 나누어 진행하는 실험을 블랙박스 실험이라고 한다. 이 실험들은 해당 치료의 효과를 판가름하는 황금 기준으로 인정되지만 보편적 결점이 있다. 해당 치료가 효과를 내는 방식과 이유를 찾아내지 않는다는 점이다. 그래서 실험 결과를 기반으로 치료법을 개선하기가 어렵다. 지금까지 수많은 치료법이 개발되었지만 증거를 도출해낸 과학자들도 그 약이 환자의 몸 안에서 구체적으로 어떤 작용을 하는지 모르는 경우가 허다하다.

이는 성공적인 양육의 문제에서도 다르지 않다. 부모들이 어떠한 방법으로 자녀를 이끌어줬는지에 대한 구체적 과정은 미지의 영역으로 남아 있다. 그런데 세계에서 가장 성공한 사람들이 자란

가정을 구석구석 들여다볼 수 있다면 어떨까? 뭔가 유익한 교훈을 배울 수 있지 않을까? 자녀들이 잠재력을 최대한 발휘하도록 도와줄 방법을 찾을 수 있지 않을까?

이 책에서는 자녀교육의 블랙박스를 열어 성공한 인물들의 부모는 어떻게 자녀를 키웠는지 파고들어 보려 한다. 지난 15년 동안 우리 두 사람은 큰 성공을 거둔 성인 200명과 더불어 이들의 부모를 인터뷰했다. 그러는 사이에 패턴 하나가 두드러졌다. 부모의 배경과 생활환경이 저마다 달랐음에도 불구하고 이들의 유사점은 명확했다. 우리는 이 패턴을 '양육 공식(Formula)'이라고 부르려 한다.

이 공식이 도출되기까지는 두 곳에서 시작된 조사가 그 바탕이 되었다.

먼저 타샤 로버트슨의 조사는 《보스턴글로브》의 뉴스 편집실에서 2003년부터 시작되었다. 그녀는 전국 통신원으로 취재 활동을 펼치던 중에 어떤 현상에 주목하게 되었다. 취재를 다니며 만났던 머리가 비상하고 특출난 사람들에게는 비슷한 부모들이 존재한다는 점이다. 그녀는 하버드대의 로널드 퍼거슨 교수에게 전화를 걸었다. 그와는 기사에 대한 전문가의 관점이 필요할 때면 연락하던 사이로 이번에도 조언을 구하고 싶었다.

"전략적인 자녀교육도 배울 수 있을까요?" 그녀가 물었다. 그는 가능하다고 대답하며, 그 방법을 논의하는 연구자들 사이에서 새로운 움직임이 일어나고 있다고 말했다.

타샤는 비범한 인물의 부모들이 부모로서의 특정 지침, 다시 말해 어떠한 공식을 따르고 있는 건 아닐지 알아보기로 마음먹었다. 그 후로 10년 동안 수많은 사람들을 인터뷰하며 그들의 성장담에서 유사성을 찾아봤다. 인터뷰를 나눈 사람들 중에는 알고 있던 유명인도 있었고, 처음 만나는 사람도 있었다.

인터뷰의 대부분은 이 조사를 위해 별도로 마련한 것이었지만 때로는 다른 취재로 인터뷰를 하면서 자녀교육 방식을 물어보기도 했는데, 버락 오바마 대통령이 그런 경우였다.

하버드 학생들이 말하는 '나는 이런 교육을 받았습니다'

로널드 퍼거슨은 2009년 하버드대학교에서 지도교수로 학생을 상담하던 중 양육 방식에 대한 궁금증이 생겼다. 당시에 그가 연구 활동을 병행하던 하버드 케네디 스쿨의 수강생 중에는 경 리라는 학생이 있었다. 두 사람은 상담 중에 한국의 문화와 학업 기준, 교육을 화두로 삼게 되었다. 퍼거슨은 경에게 한국 출신 제자들과 대화하며 들은 이야기를 꺼냈다. 한국에서는 전국 상위 5퍼센트의 성적에 들지 못하면 인정을 못 받는다는데 그게 말이 되냐며 이해할 수 없어 했다. 반면에 한국에서 나고 자란 부모님 밑에서 성장한 경에게는 충분히 납득이 되는 문제였다. 그녀는 이렇게 말했다. "제가 시험에서 99점을 받아오면 엄마는 저 말고는 90점 이상을 받은 사람이 한 명도 없어도 왜 만점을 못 받았는지에 신경 쓰셨어요."

경과 퍼거슨은 다른 하버드대 학생들도 만점을 못 받은 일로 압박을 받은 경험이 있는지 궁금해져서 이런저런 의문을 품게 되었다. 하버드대생들이 받아온 교육 방식에서 인종과 민족, 사회경제, 국가별 차이가 얼마나 일반적일까? 경의 동급생 부모들은 까다롭기 그지없는 하버드대 입학 선발 절차에서 최상위에 오른 자녀를 키워낸 사람들이니 그들이 서로 비슷한 방식의 교육을 하지는 않았을까?

사제 간의 대화를 계기로 결국 하버드대 내에서 '내가 받은 양육 방식(How I Was Parented)' 프로젝트가 진행되면서 하버드대 학생과 대학원생들 120명과의 인터뷰가 이루어졌다. 산구 델레를 비롯해 이 책에서 소개하는 인물들 가운데 절반 이상이 이 인터뷰 대상자이다. 2009년 당시에 퍼거슨은 수백 명의 재학생에게 이메일을 발송해 "당신의 성공에서 부모님이 어떤 역할을 해주셨나요?"라는 질문을 주제로 인터뷰를 한다고 알리며 프로젝트 참여를 권유했다.

그 뒤로 2년 동안 프로젝트팀은 흑인과 백인, 아시아계와 라틴계 미국인 등 다양한 인종과 침례교, 가톨릭교, 유대교, 불교, 무신론자 등의 다양한 종교관까지 두루 망라하며 거의 모든 계층과 배경을 아우르는 하버드대생들을 대상으로 인터뷰 참여를 유도했다. 인터뷰에 참여한 학생들 가운데는 부유층 출신도 있었지만 대다수는 그렇지 않았다. 의사나 변호사, 교수를 부모로 둔 학생들도 있었지만 계산대 직원이나 버스 운전기사, 요리사 부모 밑에서 자란 학생도 그에 못지않게 많았다. 오클라호마주의 옥수수밭 지대와 디트로이트 빈민가 등 다양한 지역 출신의 미국인이 많았고, 한국, 중국, 인도 출신의 학생들도 있었으며, 아프리카의 촌락, 멕시코의 도시, 도미니카공화국이나 자메이카, 불가리아의 도심지 출신의 학생들도 있었다.

인터뷰 기록들이 점점 쌓이면서 학생들의 유년 시절과 높은 학업 성취도를 이뤄낸 과정이 방대하게 쌓였다. 이러한 회고담에서 두드러지는 대목은 학생들의 부모였다. 더 구체적으로 말하자면 부모가 최우선으로 삼으면서 지속적으로 펼친 가르침과 지도였다.

프로젝트팀은 인터뷰 자료를 기호화하여 패턴을 찾기 위한 작업에 들어갔다. 하지만 초반부터 난관에 부닥쳤다. 막상 해보니 워낙 복잡성을 띠어서 장기간에 걸쳐 이 인터뷰 자료에만 전념할 사람이 필요했고, 그 바람에 프로젝트는 잠시 보류되었다. 그러던 중 2014년에 타샤가 퍼거슨에게 전화를 걸어 성공한 자녀를 키워낸 부모들 사이에 존재하는 공식을 파헤치는 책을 쓰고 싶다고 얘기했다. 그는 공식이 있다고 믿고는 있지만 구체적 실체는 자신도 잘 모르겠다고 대답하며 '하버드 프로젝트'도 하나의 자료로 삼으면 어떻겠냐고 제안했다. 우리 두 사람은 효과적인 자녀교육의 본질과 관련된 사회과학적 가설 검증을 설계하기보다는 먼저 조사 작업을 벌였다. 기자처럼 취재하며 높은 성취를 이루어낸 사람들의 삶을 깊이 탐구해보려 했다.

타샤는 수개월에 걸쳐 녹음한 인터뷰를 들으며 분석 작업을 벌였다. 그 뒤에는 퍼거슨과 함께, 하버드대생들의 양육과 타샤가 수년 동안 인터뷰한 성공한 사람들의 양육을 비교해봤다. 그러자 차츰 그 공식이 드러났다.

우리는 과거의 연구를 통해 사회 경제적 배경에 따라 서로 다른 양육 방식이 존재한다는 사실을 알고 있던 터라 가족에 따라 다양하게 나타날 줄로 예상했다. 하지만 결과는 달랐다. 한 예로, 아시아식이나 미국식의 월등한 양육법이 딱히 없었다. 인종, 사회적 지위, 경제적 능력, 교육 수준, 종교, 국적을 아우르는 공통적인 양육 방식이 나타났다.

프로젝트팀이 녹음해둔 초반의 인터뷰 자료는 좋은 출발점이 되어주긴 했으나 우리 눈에 부각되기 시작한 양육 패턴의 핵심을 파고들기엔 미흡했다. 우리는 하버드 프로젝트에 응했던 졸업생들뿐만 아니라 우리가 다른 방식으로 만났던 성공한 사람들까지 재인터뷰했다. 그리고 이들이 들려준 이야기를 따라가다 그 부모들도 직접 인터뷰하게 되었다.

교육에 정답은 없지만 공식은 있다

우리는 이 책의 집필을 위해 직접 만나 이야기를 나눈 부모들을 '마스터 부모(master parents)'라고 이름 붙였다. 그 이유는 이 부모들이 처음부터 모든 답을 알고 양육을 시작해서가 아니라 자녀에게 잠재력을 펼치게 해줄 방법을 알아내는 방면에서 고수였기 때문이다.

부모들은 대부분 명문대 졸업생이 아니었다. 그중엔 고등학교조차 나오지 않은 부모도 있었다. 하지만 수재 출신은 아니더라도 이 부모들은 남다른 재능이 있었다. 바로 생각이 깊고 똑똑하며 목표의식이 있는 자녀를 키워내기 위해 필요한 모든 역할을 두루 해낼 줄 알았다.

최고 학력군의 부모들이나 최저 학력군의 부모들이나 가릴 것 없이 모두 자녀가 다섯 살이 되기 훨씬 전부터 간단한 수치 개념과 기초 단어 읽는 법을 가르쳤다. 대화를 나눌 때는 자녀를 동등한 인격체로 대하며 존중해주고, 자녀의 질문에는 신중히 생각한 후 대답해주었다. 경제적 여력이 어느 정도이든 간에 고도의 헌신과 통찰력을 발휘했다. 또한 사회적 지위를 막론하고, 자녀가 높은 학업 수준에 오르고 그것을 이어가도록 시간과 자원을 마련하는 데에 최선을 다했다. 자신의 성장 배경을 자극원으로 삼아 자녀가 장차 갖추었으면 하는 자질들을 파악하고 길러주기도 했다. 하지만 바로 이 대목에서 반드시 짚고 넘어갈 특징이 있다. 부모들 자신이 한때 소망했으나 이루지 못한 꿈을 자녀에게 대신 이루도록 강요하지 않았다는 사실이다.

여기에서 핵심은, 자녀가 잠재력을 최대한 끌어내도록 도와주는 전략적 선택에 있다. 우리가 살펴본 마스터 부모들은 부모가 자녀에게 해야 하는 역할, 즉 어떠한 공식을 바탕으로 자녀의 학업적 기량과 비학업적 기량을 두루두루 육성시켜줬다. 이러한 공식은 타고난 재능이 있어야만 가능한 게 아니라 부모라면 누구든지 터득할 수 있다.

　그렇다면 본격적으로 이러한 공식을 살펴보기에 앞서 이를 통해 양성된 인재들의 유형을 자세히 살펴보도록 하자.

Chapter 2

하버드 학생들은 영재 아이였을까?

    자녀가 학업적으로 또 사회적으로 성공하도록 돕는 교육 방법이 있다고 하면 사람들은 못미더워하면서도 흥미를 보인다. 그러면서 실눈을 뜨고 고개를 갸우뚱하며 이렇게 묻는다. "그러한 공식에 따라 교육받은 사람들이 정확히 어떤 면에서 특출나다는 건가요?" "어떤 근거로 그러한 사람들과 그들을 키운 교육법이 본받을 만하다는 건가요?" "성공을 어떤 의미에서 바라본 견해인가요?"

    성공이란 간단히 말해서 목표 달성을 뜻한다. 그렇다면 이러한 공식을 통해 키워진 자녀들은 어떤 목표를 성취한 걸까? 우리가 말하려는 성공은 어떤 유형의 성공인 걸까?

    성공과 관련하여 서로 모순되는 두 철학이 있다. 하나는 흔히 쾌락주의로 일컬어지는 철학이다. 쾌락주의를 대표하는 고대 그리스의 철학자 에피쿠로스는 고통을 회피하며 가능한 한 최대의 쾌락을 만끽하는 것이 삶의 목적이라고 믿었다. 화려한 대저택 안에서 진수성찬이 차려진 호사스러운 파티를 상상하면 된다. 쾌락주의식 정의에 따르면, 성공의 목표는 물질적, 육체적 욕망의 충족이다.

또 다른 철학은 아리스토텔레스 사상의 중심 개념으로 여기에서 내세우는 목표는 '자아실현'이다. 목표를 추구하면서 성취감을 느끼고 점점 발전하는 것이다. 미국의 체조선수 시몬 바일스가 올림픽에 출전하기 위해 공중에서 몸을 비틀어 돌며 연습하는 모습이나, 알베르트 아인슈타인이 특수 상대성 이론이 담긴 자신의 논문을 꼼꼼히 다듬는 모습을 떠올리면 된다.

현대 연구에서 나타나는 견해에 따르면 자아실현적 성공 추구가 행복의 증진에 더 이바지한다. 또한 자아실현적 성공을 추구한다고 해서 물질적 보상이 이루어지지 않는 것도 아니었다. 이 책에서도 만나볼 테지만 실제로 몇몇은 큰 부를 이루었다. 대다수 마스터 부모들은 자식이 커서 고급 승용차를 타거나, 멋진 집에서 살거나, 외국으로 여행을 다닐 만큼의 재력을 갖추길 바랐다. 하지만 한편으론 물질적 소유는 성취를 보여주는 한 요소일 뿐 양육 공식이 유도하는 성공과는 별개라는 점을 잘 알고 있었다.

우리가 여기에서 제시하는 성공한 성인이란 충만한 자아실현을 성취한 성인을 의미하며, 양육 공식은 그러한 사람으로 성장하게 해준다는 의미이다.

성공의 공식

　남녀를 막론하고 이 책에 나오는 사람들은 한마디로 '충만한 자아실현'을 이룬 인물들이다. 이들이 들려주는 인생 이야기는 이 말의 의미를 생생히 보여준다. 그중에는 외교관, CNN 앵커, 대학 교수, 변호사, 기업가, 정치인도 있다. 이들을 비롯해서 우리가 살펴봤던 200여 명의 사람들은 하나같이 공통점이 있다. 그것은 바로 자신의 잠재력을 한껏 발휘하면서 계속해서 발전하고자 하는 태도이다.

　이 책에 등장하는 마스터 부모들의 목표는 모두 자녀를 충만한 자아실현을 이룬 성인으로 성장시키는 것이었다. 그리고 이 목표를 성공의 세 가지 핵심 자질인 목표 의식과 주체성, 똑똑함을 길러냄으로써 이루어냈다.

목표 의식 + 주체성 + 똑똑함 = 충만한 자아실현

　여기에서 말하는 '목표'란 숭고한 목적이나 계획을 의미한다. 다시 말해, 삶에 뚜렷한 방향을 제시해주는 무언가를 가리킨다. 이러한 목표를 전적으로 받아들이려면 보통 수년간의 끈기가 필요하다.

　목적지를 향해 여정을 시작하기 위해서는 비범한 의지가 요구되는데, 이런 의지를 '주체성'이라고 한다. 주체성이 강한 사람은

'그래 해보자!'라는 각오로 행동을 실행하며 끝까지 헤쳐 나간다.
이는 곧 성공의 등식에서 세 번째 요소인 '똑똑함'으로 이어진다.

[똑똑한 아이란?]

심리학에서는 '똑똑함(smart)' 같은 개념을 통속 개념이라고 부
른다. 즉, 해당 분야의 연구가들은 동의하지 못하지만 대다수 사람
들이 기본적으로 어떠어떠한 의미로 여기는 개념이다. 우리가 일
상생활에서 다루는 똑똑함에는 다양한 유형이 있다. 그중 사람들
이 가장 자주 말하는 유형은 학교 공부와 연관된 것들로, 과학적
사고력, 수학 능력, 독해 능력, 작문 능력 등이 있다. 또 대인관계
능력이나 감정을 다스리는 능력도 있다.

인지 능력 평가를 전문 분야로 다루는 심리학자 조엘 슈나이더
는 똑똑함에 대해 더욱 폭넓은 정의를 제시한다. "우리는 유용한
지식을 잘 습득하고 논리, 직관, 창의성, 경험, 지혜를 두루두루 활
용해 중대한 문제를 풀 수 있는 사람들을 가리키기 위해 이 단어를
사용한다." 하지만 그는 이 정의가 "내가 정의하려는 그 개념만큼
이나 모호하다"라고 인정하기도 한다.

우리 두 사람이 이 책에서 기준으로 삼은 똑똑함의 정의는 양면
적이고 상식적인 정의다. 즉, 어려운 학업 과제 풀기처럼 인지적으
로 어려운 과제를 잘 수행하는 능력과 주어진 환경에서 정보를 포
착하고 이해하여 인생에서 전략적 결정에 잘 활용하는 능력을 가
리킨다.

우리와 인터뷰를 나눈 성공한 인물들은 아주 어린 나이부터 학업에서 뛰어난 두각을 나타냈다. 또한 매우 높은 학업 수준에 올라섰을 뿐만 아니라 배움에 애착을 갖기도 했다. 본질적으로 따지면 관심의 상당 부분이 학업에 쏠려 있긴 했으나 음악이나 사회운동, 연설 등 학업 외 분야에도 열의를 느끼고 많은 힘을 쏟았다. (하지만 이 대목에서는 한 가지 짚고 넘어갈 부분이 있다. 이 사람들이 이런 관심사를 추구하며 키운 능력은 높은 성적을 올리는 데도 유용하게 작용했다는 점이다.)

어린 시절 이들은 뛰어난 학업 성과를 중요하게 생각했지만 오로지 교사의 평가에만 신경 쓰진 않았다. 오히려 개인적 기준이 교사의 기준보다 높은 경우가 많았다. 물론 성적을 대수롭지 않게 여겼다는 얘기는 아니다. 실제로 몇몇은 고등학교나 대학교에 진학해 처음으로 C를 받았을 때 크게 당황했다. 하지만 금세 문제점을 간파해 실수를 되풀이하지 않을 방법을 찾아냈다. 이러한 행동은 부모의 압박이나 인정받고 싶은 욕구에 따른 것이 아니라 스스로를 똑똑하다고 여기는 생각에서 비롯된 것이었다.

하지만 이 탁월한 사람들에게서 정말로 두드러지는 특징은 따로 있다. 그것은 어린 나이부터 승리의 비법을 알고 있기라도 한 것처럼 자기 확신에 찬 태도다. 그들의 이야기를 들어보면 세상과 자신을 대하는 태도에서 사려 깊음과 현명함이 느껴진다. 배운 지식을 활용해 스스로 의문을 제기한 다음, 그 의문에 담긴 시사점을 곰곰이 따져서 나름의 견해를 세우고, 이를 상대가 잘 듣도록 전달하는 능력도 있었다. 한마디로 말해, 이들에게선 똑똑하다는 인상이 풍겼다.

영재 vs 잘 키운 인재

우리가 조사한 사람들은 서너 살 때 글을 읽을 줄 알았다. 유치원에 들어갈 때는 하나같이 읽고 쓰기와 기초 수리 실력이 뛰어났다. 이후에 학업에서 부진하는 시기를 겪더라도, 상위권에서 고전하며 다른 우등생들을 따라잡으려고 애썼다.

그렇다면 이쯤에서 양육 공식으로 길러진 인재와 관련하여 한 가지 의문이 고개를 든다. 이들의 똑똑함은 타고난 걸까? 다중지능이론을 창시한 하버드대 하워드 가드너 교수는 영재(prodigy)의 정의를, 노력하여 탁월한 기량을 습득한 덕분이 아니라 자신에게 타고난 재능이 있음을 깨달은 덕분에 '성인 수준의 실력'을 발휘하는 아이로 규정했다. 한편 영재가 되는 것은 기적에 가까운 재능을 부여받은 것과 같다고 여기면서 이렇게 밝히기도 했다. "기적을 믿지 않고 가능성만 주목하여 보더라도 어린 시절의 모차르트나 멘델스존, 피카소가 발휘했던 재능은 놀랍다."

그에 비해 마스터 부모의 양육을 받은 자녀는 어떨까? 가드너의 연구와 함께 10년간 진행된 우리의 조사를 바탕으로 살펴본 결과 성공한 자녀와 영재는 다음과 같은 차이가 나타났다.

성공한 자녀	영재
자신의 목표 의식을 따른다.	자신의 재능에 대한 남들의 반응에 휩쓸린다.
목표를 이루고자 힘쓰면서 새롭고 도전적인 경험에 뛰어든다.	흉내 내거나 힘겨운 노력 없이 일찌감치 목표를 이루었다가 이후에는 실력 향상에 어려움을 겪는다.
성공한 자녀의 부모는 호기심과 지적 욕구를 키워주기 위해 새로운 경험을 접하게 해준다.	영재 주변의 어른들은 배우면서 관심을 넓혀나갈 기회를 마련해주기보다는 아이가 재능을 사람들 앞에서 펼쳐 보이는 방식으로 기회를 마련해준다.
높은 목표를 이루려고 노력하는 과정에서 위험을 무릅쓰는 대담함과 용기를 키워나간다.	부모나 지도자가 장애물로부터 보호해주는 탓에 위험의 감수 없는 성공에 점점 길들여진다.
어른들과 협력하면서 기량을 발전시킨다.	어른들을 위해 재능을 펼쳐 보이면서 기량을 과시한다.
습득 능력에 점점 자신감이 붙으면서 그 자신감을 지렛대 삼아 통달의 경지에 이른다.	영재는 자신의 재능에는 자신 있지만 습득하는 능력에 대해서까지 반드시 자신감이 있는 건 아니다.

　가드너에 따르면 영재는 대체로 20대에 들어서면서 환경의 변화를 겪는다. 이제 어른들은 자신의 열광적인 팬이 아니라 뛰어난 경쟁자들이다. 이들은 영재 소리를 들어본 적은 없지만 목표 의식을 갖고 노력한 끝에 특출난 실력을 지니게 된 사람들이다. 가드너의 말마따나 이러한 변화는 감당하기 힘든 탓에 "다수가, 아니 어쩌면 대다수가 어린 시절의 잠재력을 충분히 발휘하지 못한다."

　영재와는 달리 성공한 자녀에게는 난관이 오히려 발전의 계기가 된다. 실제로 몇몇 자녀는 대학에 들어갔다가 또래가 학업 수준에서 월등히 앞서 있는 현실에 직면했을 때 그 상황에 필요한 적응을 했다. 작은 도시에서 자라며 그 인근에서는 나름 똑똑하기로 소문난 롭 험블은 일류대에 들어갔다가 똑똑한 학생들은 죄다 모여 있는 분위기 속에서 자포자기 직전까지 갔다. 하지만 이내 경쟁력을 갖추기 위해 어떻게 해야 할지를 알았다. 자신을 정확히 파악한 후 이에 따라 시간 계획과 인생 설계를 세워야 했다. 그래서 벼락치기 방식은 자신에게 안 맞는다는 사실을 깨달은 다음에는 자신의 기질에 맞는 계획을 고안했다. 스터디그룹을 시작하고, 과제는 몇 주 전에 미리 마쳐놓았다. 다른 학생들은 기말시험을 앞두고 부랴부랴 밤샘 공부에 매달렸지만 롭은 시험 며칠 전에 기말시험에 나올 만한 내용을 꼼꼼히 확인하며 여유 있게 준비할 수 있었다. 시험 전날 밤 푹 자려면 그 전날까지 어느 강도로 공부해야 하는지도 계산했다. 그래서 시험 당일에 동급생들과는 달리 상쾌한 기분과 또렷한 정신으로 시험을 치렀고, 덕분에 우수한 성적을 받았다.

똑똑함의 근육을 키우다

가드너가 영재들에 관해 연구하며 내린 결론은 영재의 재능은 주체성이나 목표 의식 외 다른 것에 기반한다는 사실이다. "모차르트나 체스 선수 보비 피셔, 수학자 카를 가우스 같은 사람은 신경계 구조나 기능이 각각 음조, 체스의 말 배치, 수치 조합과 연관된 패턴을 초자연적일 만큼 쉽게 통달하게 되어 있다"는 견해다.

반면에 여기에서 소개하는 성공한 자녀 대부분은 영재처럼 유전적 잠재력에서 상위 1퍼센트에 들 만한, 대단한 재능을 타고났다고 여길 근거가 없다. 오히려 당사자들은 물론이요, 유년기나 고등학교 시절 교사, 부모, 형제, 멘토와 직접 이야기해본 바에 의하면 성적표, 대학 추천서, 지원서 외에도 이들의 재능이 보통 사람의 범주에 든다고 여길 만한 근거가 많다. 물론 그 범주에서도 상위권에 든다는 단서를 붙여야 할 테지만. 그런데 성공한 자녀들에게 보통 범주의 사람들과 다른 차이점이 한 가지 있다. 똑똑함도 힘처럼 얼마든지 키울 수 있다는 사실을 잘 아는 부모 밑에서 성장했다는 점이다.

물론 유전적 영향이 작용하기도 한다. 태어나면서부터 습득력이 뛰어난 경우도 있다. 근육이 체질적으로 잘 붙는 일부 역도 선수들처럼 말이다. 하지만 대체로 역도 선수의 힘은 식단과 생활방식, 연습을 비롯한 여러 환경 요인에 따라 더 크게 좌우된다. 이 책에서 소개하는 성공한 자녀들도 역도 선수들이 힘을 키우는 것과 같은 방법으로, 즉 시간 관리와 관심사 활용을 통해 똑똑함을 키웠다.

밝혀진 사실로 똑똑해지기는 보디빌딩과 유사점이 많다. 과학적 연구결과에 따르면, 웨이트 리프팅이 근육을 강화시켜주듯 학습역시 지식 저장과 사고 처리를 위한 뇌의 경로를 더 조밀하게 강화시켜준다. 뭔가를 학습할 때마다 뇌는 물리적 변신을 통해 더 유용한 도구로 거듭난다.

런던 택시 기사들의 경우를 예로 살펴보자. 유니버시티 칼리지 런던의 신경학자인 엘리너 매과이어와 캐서린 울레트는 2011년, 합격하기까지 3, 4년이 걸리는 런던 택시 면허 필기시험을 준비하는 일단의 사람들을 추적 조사했다. 이 시험은 합격하려면 반경 약 9.6킬로미터 이내에 위치한 런던의 2만 5,000개 거리와 수만 개에 이르는 주요 건물을 모조리 꿰고 있어야 해서 세계에서 가장 어렵기로 소문난 암기 시험이다.

매과이어와 울레트는 시험을 준비하는 사람들이 공부를 시작하기 전에 뇌를 스캔했다가 시험을 치른 후에 다시 한 번 스캔해 살펴봤다. 그랬더니 흥미로운 결과가 나왔다. 공간기억을 저장하는 뇌 영역인 해마의 회백질이 늘어난 것이다. 말하자면 사방팔방으로 뻗은 런던의 오래된 도로망과 거리를 시각화하며 머릿속으로 운행해보는 사이에 말 그대로 지력이 향상되었다는 얘기다.

이 택시 기사들과 마찬가지로 우리가 만났던 인물들 역시 인지기능 향상을 촉진시켜주는 활동에 대다수 또래들에 비해 더 많은 시간을 쏟았다. 특정 활동에서 실력이 늘면서 뇌에 물리적 변화가 일어났고, 그 뒤로는 꾸준히 실력이 향상되었다. 웨이트 트레이닝을 꾸준히 할 경우 새로운 근육이 생겨나 예전엔 낑낑대던 무게를 거뜬히 들어 올리게 되는 것과 마찬가지다. 우리가 인터뷰한 사람들은 학습을 통해 새로운 신경 경로를 발달시키는 동시에 사용하지 않으면 위축될지도 모를 오래된 신경 경로를 잘 지키기도 했다.

다시 말해, 가드너가 말하는 영재와는 달리 시간이 흐르는 사이에 점점 더 똑똑해졌다.

하버드 프로젝트 선별 기준

목표와 주체성을 갖춘 똑똑하고 성공한 사람이라는 정의에 부합한 사람들을 우리가 어디에서 어떻게 찾아냈는지 궁금할 독자들을 위해 잠시 짚고 넘어가려 한다. 우리의 조사 대상에 들었고 이 책에서 소개하는 사람들 중에서 가장 많은 수를 차지하는 그룹군은 프로젝트 '내가 받은 양육 방식'에 참여했다가 하버드대학교를 졸업한 이들이다. 이 졸업생들 가운데 5년 후의 추적 인터뷰 대상들은 다양한 지리적, 사회 경제적, 인종적, 종교적 배경을 아우르도록 선정되었다.

이들은 하버드대의 입학 관문을 뚫었다는 사실 자체로 우리의 흥미를 자극할 만한 대상이었다. 하버드대는 고등학교 수석 졸업생들도 탈락하는 경우가 허다하다. 하버드대에 합격하려면 학업 성적이 우수한 것 외에도 과외 활동에서 뛰어난 열정을 펼치고, 흥미를 끌 만한 입학 에세이를 쓰고, 학교나 교사의 특별 추천서를 받아야 한다. 하나하나 따져보면 모두가 목표 의식이 충만한 데다 세계를 변화시킬 잠재력이 뛰어난 인물임을 증명해주는 요건들이다. 실제로도 우리가 이 책을 쓰기 위해 다시 인터뷰를 나눈 사람들은 세계를 변화시키고 있다.

물론 이러한 유형의 사람을 하버드대에서만 찾을 수 있는 건 아니다. 우리는 어느 자리에서든 인터뷰를 나눠볼 만한 인물이 없을지 살폈다.

가령 20대의 세계 최상급 바이올리니스트 매기 영은 타샤가 남다른 품격과 관록이 느껴지는 연주를 통해 알아본 경우였고, 척 배저는 퍼거슨이 정치 토론을 보다가 깊이 있고 박식한 견해에 감탄하며 주목한 경우였다. 척을 통해 알게 된 켄터키주의 농업담당 위원 라이언 퀄스도 있었다. 그런가 하면 메타인지 학습법으로 유명한 리사 손 교수를 비롯해 뉴저지주에 거주하는 50여 명의 부모들이 타샤가 올린 페이스북 게시글에 응답해주기도 했다.

우리는 자리를 잡고 인터뷰를 나눠보기 전까지 이들의 양육과 관련하여 전혀 모르는 상태였다. 인터뷰 당시에 우리가 알고 있는 것이라곤, 그들이 우리가 모범으로 삼고 싶은 성공과 충만한 자아실현을 이룬 성인에 해당한다는 점뿐이었다.

인터뷰를 하면서 우리는 이 인물들이 받은 양육 사이에서의 공통점, 즉 공식을 발견했는데, 지금부터는 이를 이루는 구체적인 역할과 함께 그 작동 원리를 살펴보도록 하자.

Chapter 3

하버드 프로젝트가 밝혀낸 양육 공식

하버드대학교 졸업생인 자렐 리는 어린 시절을 돌아보던 중 어머니가 그를 안고 황급히 집 밖으로 달려 나오던 순간을 이야기해 주었다.

"세 살 때였어요. 난데없이 칼 하나가 다트처럼 휙 날아와 거실 바닥에 박혔죠."브루클린의 식당에서 함께 점심을 먹으며 자렐이 말했다. 하지만 그날의 사건에 대해서는 더 이상 기억나는 것이 없다며 오하이오주에 계시는 어머니께 자초지종을 물어보려 전화를 걸었다. 어머니에게 들어보니 그때 (자렐의 아버지가 아닌) 어머니의 남자친구가 어머니를 향해 칼을 던진 것이었다. 모자는 집에서 도망쳤지만 돈도 없고 갈 곳도 없어서 오하이오주 클리블랜드에 있는 노숙인 쉼터에 들어갔다. 자렐은 유치원 때부터 3학년 때까지 학교를 아홉 번이나 전학 다녔고, 1학년 때는 노숙인 쉼터를 전전하며 거처를 아홉 차례나 옮기기도 했다.

떠돌며 지내다 보니 유년기 때는 친하다고 할 만한 친구가 없었다. 하지만 평생토록 변함없이 곁을 지켜준 두 동반자가 있었는데, 바로 어머니와 배움이었다.

자녀교육서에 부모의 지혜를 더하다

자렐의 어머니 엘리자베스는 스물두 살에 자렐을 임신했을 때 육아서를 닥치는 대로 읽었다. "임산부가 알아둬야 할 상식과 태교에 관한 책들을 이것저것 읽었어요. 그 뒤로는 한 살, 두 살, 연령대별 육아서들을 봤고요."

자렐은 남의 집에서 어린 시절을 보냈고, 고등학교를 다 마치지 못했으며, 현재 빈민가에서 넉넉지 않은 삶을 살고 있었다. 하지만 책에서 읽은 지침에 스스로 깨우친 지혜를 더한다면 자렐을 중산층 가정에서 자란 아이처럼 키울 수 있으리라 믿었다. 그녀는 아들을 이렇게 격려했다. "비록 지금 우리가 빈민가에서 살고 있지만 네가 대학에 들어가 성공하면 이런 생활에서 벗어날 수 있어."

엘리자베스는 일찌감치 조기학습을 시작했다. 노숙인 쉼터 침대에서 자렐과 함께 플래시 카드를 되풀이해보면서 도형과 색깔, 숫자, 단어를 가르쳤다. 엘리자베스가 플래시 카드 하나를 보여주면 서너 살이었던 자렐이 그 낱말을 읽어보는 식이었다.

"아이를 다그치지 않고 기억나는 대로 낱말을 정확하게 읽게 했어요. 우리 아들은 이렇게 저랑 둘이서 반복 학습을 하면서 글자를 배웠죠."

엘리자베스가 워낙 재미있게 공부를 시켜서 자렐은 공부를 하고 있다는 생각조차 들지 않았다. 그녀는 하루에 1시간씩 6개의 낱말을 집중 학습시켰다. 엘리자베스가 일자리를 얻을 때까지 이런 식의 학습은 계속되었다. 유치원에 들어갔을 때 자렐은 기본적인 읽기 실력을 다지고 숫자도 익혀둔 상태여서 다른 아이들보다 앞서 있었다. 지금도 유치원 선생님이 감탄스러워하던 순간이 생생하다고 한다. "너 글자를 읽을 줄 아는구나!"

엘리자베스는 이때부터 자렐에게 공부하는 습관을 길러주어 어떤 경우에든 잠재력을 충분히 발휘하도록 힘썼다. 도전 의식을 북돋아주기 위해 자신의 능력이 닿는 한 가장 좋은 학교에 입학시키려고 애쓰면서 그것이 안 되면 영재반에서 공부할 수 있도록 노력했다. 어떤 때는 영재 프로그램이 빈민가 학교에 있기도 하고, 또 어떤 때는 부유층 학교에 있어서 부지런히 학교 정보를 알아봐야 했다.

힘겹게 생계를 이어가던 와중에 엘리자베스는 두 딸을 얻기도 했다. 여전히 책을 사볼 형편은 안 되었지만 공공도서관을 제집처럼 드나들며 아이들과 책을 읽었다. 온 가족이 도서관에서 시간을 보내고 올 때도 많았다.

따뜻하면서도 엄한 엄마

자렐은 어머니의 교육 방식을 자상한 스타일로 평가하지만 그녀 자신은 관대하면서도 엄한 교육법이었다고 말한다. 그녀는 아이들에게 자유를 허용해주는 것이 좋다고 여겼지만 이는 자신이 이미 세워둔 기본틀에 따른 것이었다. 예를 들어 숙제는 잠잘 시간이 되기 전에 다 마치게 했다. 세 아이들 모두에게 주말에 텔레비전을 보는 것은 허용했지만 주중에는 책을 읽게 했다. 여름 방학에는 책을 일주일에 한 권씩 읽고 독후감을 쓰게 했다. 대충대충 하면 봐주는 법이 없었다. "좋은 성적을 못 받아오면 그냥 넘어가지 않았죠. 최선의 결과가 아니다 싶으면 봐주지 않았어요. 자렐이 더 잘할 수 있다는 걸 알았으니까요."

두 딸들도 공부를 잘했지만 어머니의 조언은 듣기 싫어했다. 하지만 자렐은 언제나 귀담아 들으며 잘 따랐다. "아들은 아침에 잘 일어나는 편이라서 자신이 원한다면 밤늦게까지 공부를 했어요. 지도하는 데도 별 어려움이 없었죠. 숙제도 혼자 알아서 잘했죠. 저라면 그렇게 하래도 못할 만큼요. 리포트를 쓸 때는 제가 옆에서 교정을 봐주며 도와줬지만 수학과 과학은 제가 관심 없던 터라 도와주지 못했어요."

수년간 여러 노숙인 쉼터를 전전한 끝에 자렐이 여덟 살이 되었을 때 가족은 마침내 작은 집이나마 세 들어가 살 수 있었다. 클리블랜드 동부 빈민 지대의 하버드 애비뉴에서 한 블록도 떨어지지 않은 위치였다. 자렐은 그 동네를 폐허촌이라고 불렀는데 허술한 판잣집이나 마약소굴로 전락한 옛 교회 건물 때문만이 아니었다. 그 근방을 자기 구역으로 접수해놓고 할 일 없이 배회하는 남자애들 때문이기도 했다.

또래에 비해 몸이 왜소하고 귀가 크며 짧은 헤어스타일이던 자렐은 시트콤 〈스마트 가이〉의 주인공을 닮았는데, 그래서 툭하면 놀림을 받았다. 아이들은 자렐이 지나가면 갑자기 이 시트콤의 주제곡을 부르며 놀리거나 어떤 때는 폭력까지 행사했다. 2학년 때는 버스에서 남자애들에게 집단 폭행을 당했고, 열세 살 때는 한 패거리가 책만 보는 것을 트집 잡아 다짜고짜 때리는 바람에 병원에 입원하기도 했다.

자렐은 마음 같아서는 하루 종일 집안에 틀어박혀 독서와 비디오 게임만 하며 지내고 싶었다. 하지만 엘리자베스는 아들을 그대로 내버려두지 않았다. 두려움을 피해선 안 된다는 생각에 장애물에 정면으로 맞서게 했다.

"어머니는 저에게 이것저것을 시키셨어요. 저는 스물세 살에야 운동에 소질을 보였지만 아주 어릴 때부터 스포츠 활동을 즐겼어요. 잘하지는 못했지만요."

엘리자베스는 자렐에게 공부를 잘하도록 돕는 학습 도구뿐만 아니라, 현실 세계에서 잘 대처하도록 돕는 처세 도구도 알려주었다. "어머닌 이렇게 당부하셨어요. '넌 흑인이야. 길 한쪽으로 차를 세우라는 지시를 받기 쉬우니깐 다른 흑인 애들과 한 차에 몰려 타면 안 돼.'"

자렐의 동네 또래들 대부분은 '어차피 가난하게 살 팔자'라는 체념에 빠져 있었지만 엘리자베스는 더 잘 살기 위해 노력해야 함을 끊임없이 납득시켰다. 동네의 폭력배들을 가리키며 경각심을 자극했다. "저기 쟤들 보이지? 어떻게 살고 있는지 좀 봐봐. 지금 우리가 사는 꼴도 보고. 남은 평생을 계속 가난하게 살고 싶어?"

엘리자베스는 자렐에게 다른 인생을 살게 가르쳤고 자렐은 그런 어머니의 말이 하루하루의 길잡이가 되어주었다고 고백한다. "어머닌 입버릇처럼 말씀하셨어요. '네 운명을 바꿀 수 있는 방법은 하나뿐이야. 학교에 다니며 잘 배워서 다른 인생을 살아가는 길밖에는 없어.'"

어머니 덕분에 자렐은 교육을 탈출구로 바라보며 절대 저렇게 살지 않겠다고 다짐해왔다.

여덟 살에 하버드를 품다

자렐이 여덟 살 때 엘리자베스의 노력은 하나의 결실을 맺었다. 자렐은 그냥 어머니가 정해준 것만을 목표로 삼지 않고 나름의 목표를 세우면서 열심히 공부한 결과 올 A의 성적을 받았다. 다음은 그가 우리에게 털어놓은 얘기다. "여덟 살 때로 기억하는데 대학이라는 곳의 얘기를 듣고 최고 명문대에 들어가고 싶었어요. 어디가 최고인지는 잘 모른 채 막연히 그런 마음만 있었는데 어떤 사람이 하버드대가 최고라고 하기에 '좋아, 그 대학에 들어가자' 마음먹었어요. 그땐 멋모르고 결심한 거였지만 어쨌든 여덟 살 이후로 하버드대 외 대학은 생각해본 적이 없어요."

엘리자베스는 하버드대에 대해서는 잘 몰랐고 자렐을 하버드대에 보내는 것을 목표로 삼은 적도 없었다. 오로지 아들이 빈민가에서 벗어나 중산층이 되려면 기준을 높이 두고 도전 의식을 가지면서 다른 똑똑한 아이들과 훌륭한 교사들 사이에서 공부해야 한다는 것만 의식했다.

그래서 아들에게 그러한 교육을 시켜주기 위해 자신이 해야 할 역할을 성실히 이행했다. 특히 인근에서 비교적 수준 높은 학교에 보내기 위해 애썼는데, 자렐이 초등학교 저학년일 때는 더 나은 교육구에 배치받게 하려고 특정 노숙인 쉼터를 골라 들어간 적도 있었다.

당시에 들어간 쉼터에서 엘리자베스 가족은 안정적인 가정을 꾸릴 만한 임시주택에서 지냈다. 자렐의 기억에서 그곳은 환상적이었다. 쉼터의 방과후 프로그램 덕분에 좀처럼 맺기 힘들던 우정도 쌓았다. 엘리자베스도 이렇게 회고했다. "그곳은 쉼터 시설이긴 했지만 우리 가족끼리 지낼 아파트가 제공되어 우리만의 부엌과 침실, 거실이 있었어요." 이 쉼터에서 계속 지내려면 부모들이 정기적으로 수업에 참여해야 했다. 아이들의 숙제 시간은 4~6시로 정해져 있었고, 토요일에는 자원봉사자들이 와서 도움을 주기도 했다.

그러던 중 엘리자베스는 클리블랜드 외곽 지대인 셰이커 하이츠에 덜 아늑하긴 해도 임시주택 시설이 있다는 걸 알게 되었다. 셰이커 하이츠는 1960년대에 인종 차별을 없애기 위한 시도를 벌여 성공한 지역인 데다 그곳의 초등학교는 오하이오주를 통틀어 학업 성취도가 최상이다.

이제 엘리자베스는 선택의 기로에 있었다. 더 편안한 쉼터에 계속 지내면서 자렐을 클리블랜드의 학교에 다니게 할지, 더 좋은 학교로 전학시키되 더 낙후된 쉼터로 옮겨갈지를 결정해야 했다. 하지만 그녀에게 이것은 따지고 말 것도 없는 간단한 문제였다. 덜 좋은 쉼터에서 지내야 하거나, 자렐이 좋은 학교에 다니는 기간이 몇 달뿐이라는 사실은 중요한 문제가 아니었다. 그래서 그녀는 자렐에게 좋은 교육 환경이 평생 이어지길 희망하며 모험을 걸었다. 그리고 그녀의 선택은 옳았다.

셰이커 하이츠의 로몬드초등학교는 넓고 풍경 좋은 부지에 자리 잡고 있었고, 본관은 조지 왕조풍 벽돌 건물로 지어져 멋스러웠다. 우수한 학업 성적으로《뉴스위크》에 실릴 만큼 명성이 자자하기도 했다. 이러한 학교에서 받은 학습 지도는 자렐의 기초 역량을 확실히 다져주었고, 이후 학업에도 큰 도움을 주었다. 단기간에 그쳤지만 로몬드초등학교의 재학 경험은 두 사람 모두에게 잊지 못할 시간이었다.

사실, 자렐이 두 번의 시도 끝에 명문 프렙 스쿨인 호킨 스쿨에 입학하게 된 데에는 하버드대에 진학하겠다는 확고한 목표와 더불어 로몬드초등학교에서의 짧은 경험이 한몫했다.

자녀를 성공으로 이끄는 부모의 결정적 선택

돌이켜보면 엘리자베스가 잡은 두 번의 교육 기회는 자렐이 하버드대의 문턱을 넘도록 이끌어줬다. 그 첫 번째 결정이 바로 더 좋은 학교에 다니게 해주려고 거주지를 옮긴 일이다.

두 번째 결정은 자렐에게 좋은 멘토를 만나게 해주어 대학 진학 목표에 훨씬 더 진정성을 갖게 해준 일이다. 엘리자베스는 자렐이 열한 살 때부터 자신의 미래를 그려보는 데에 자극이 될 만한 롤모델을 접하게 해주었다. 그중에는 온 가족이 다닌 교회의 성직자도 있었다.

그렉 도시 주교는 엘리자베스와 그녀의 세 자녀를 볼 때마다 받았던 인상을 잊지 못한다. 꼬맹이 자매는 예의 바르고 호기심이 많았고, 오빠는 품행이 바른 데다 똑똑했다. 엘리자베스는 어려운 가정 형편에서도 여느 중산층 부모 못지않게 전략적이었다.

주교는 엘리자베스가 모든 부모의 모범이 될 만한 사람이라며 칭찬을 아끼지 않았다. "그분은 야무지고 영리한 분이에요. 사는 동네가 어디든, 어떤 인종과 문화에 속하든, 부모는 자식이 어느 쪽으로 명민한지를 주목해야 합니다."

주교는 자렐의 나이답지 않은 어른스러움과 학업 능력을 특히 인상 깊어 했다. 그는 친화력을 높이려는 의도로 자렐에게 교회 활동에 참여해보라고 했다. 주교의 권유로 자렐은 교회 주일학교에서 유년부 아이들을 가르쳤고, 교회 댄스 동아리와 랩 동아리 활동에도 참여했다.

대학에 지원할 시기까지 하버드대는 여전히 자렐이 가장 가고 싶은 대학이었다. 자렐은 하버드대의 입학 지원 절차에 따라 같은 지역의 하버드대 졸업생과 인터뷰를 했고 괜찮은 평가를 받은 듯했다. 하지만 입학사정관은 자렐의 가족이 지원 서류상의 내용처럼 그렇게 어려운 형편인지를 의심스러워했다. 엘리자베스는 주교에게 도움을 구했다. 주교는 어려운 가정 형편과 자렐의 뛰어난 학습 능력을 어떻게 잘 설명할 수 있을지 조언해주었다.

주교가 제안한 내용은 과장이 아니었다. 대학 지원 당시에 자렐의 학업 우수성과 성공 잠재력은 그를 아는 사람이라면 누구나 다 인정했다. 실제로 호킨 스쿨의 한 교사가 하버드대에 보낸 추천장만 봐도 그렇다.

호킨 스쿨에 처음 들어온 학생들은 대부분 이곳의 엄격한 학업 방식에 힘들어합니다. 하지만 자렐은 첫날부터 남다른 자질을 보여주었습니다. 자렐은 수업 중에 배운 과목에서 헷갈리는 내용이 있으면 집에 가서 그 부분을 다시 읽어보고 공부해 왔어요. 그리고 다음 날에 저를 찾아와 자신이 개념을 '잘 이해한 것이 맞는지' 물어보는 학생이었습니다. 매번 느꼈지만 자습 능력이 뛰어난 학생입니다.

엘리자베스의 교육은 큰 보람을 거두었다. 그녀가 자렐의 유년기에 실행한 선택과 역할 덕분에 자렐은 호킨 스쿨과 아이비리그 대학을 거쳐 대학 졸업 이후까지도 경쟁뿐 아니라 성공에 필요한 자세를 두루두루 갖추게 되었다.

현재 자렐은 결혼해서 아이를 키우며 교육자로 활동하고 있다. 교육의 사다리를 빠르게 올라 20대의 나이에 교장이 되었다. 대다수 교사들이 수업 진행에 익숙해질 만한 나이에 빠른 출세를 한 셈이다. 2014년 이후부터 뉴욕시와 뉴저지주의 학교에서 근무하다가 최근에 시카고의 학교로 근무지를 옮긴 그는 여전히 가슴속에 불같이 뜨거운 인생 목표를 품고 있다. 바로 그것은 자신의 어린 시절과 비슷한 환경의 아이들이 자신처럼 좋은 기회를 누리게 하는 것이다.

자렐은 지금도 청소년들을 가르치면서 세상을 바꾸고 있지만, 더 큰 목표는 모든 아이들의 배움에 변화를 일으키는 것이다. 다시 말해, 자렐은 엘리자베스가 임신 후 육아서를 닥치는 대로 읽으며 배 속의 아들이 되었으며 하는 인물로 성장한 것이다.

부모라면 반드시 알아야 할 8가지 역할

엘리자베스 자신은 의식하지 못했을 테지만, 그녀는 자렐이 잠재력을 발휘하여 현재처럼 똑똑한 젊은이로 자라는 데에 특별한 청사진을 따랐다. 바로 양육 공식이다.

양육 공식은 여덟 가지의 역할로 이루어져 있으며, 각각의 역할은 일종의 전략적 패턴으로 수년에 걸쳐 중복적인 행동과 결정을 이행한다. 이러한 역할을 행하는 구체적 방식은 가정 환경과 부모의 세계관에 따라 가족별로 다르지만, 근본적 방식은 모든 인종과 계층을 막론하고 아주 유사하다.

[조기학습 파트너]

조기학습 파트너는 뇌가 성인의 90퍼센트 수준까지 발달하는 생후 5세까지 가장 중요한 역할이다. 조기학습 파트너로서 부모는 아이와 함께 보내는 시간에 두뇌 발달 놀이와 읽고 쓰기 활동을 자주 해주면서, 상상력을 자극해주는 동시에 왕성한 학습열을 키워준다.

엘리자베스와 자렐이 도서관에 가서 책을 읽고 토론을 나눴던 활동, 엘리자베스가 손가락으로 주변 사물을 가리키며 지도해준 활동, 자렐이 일찌감치 플래시 카드를 보며 읽기와 산술 능력을 키웠던 활동 등은 결과적으로 자렐이 유치원에 들어간 이후 또래 아이들보다 진도가 앞서도록 해주었다. 또한 엘리자베스는 스스로

조기학습 파트너

항공기관사

GPS

해결사

양육 공식의 8가지 역할

협상가

계시자

롤 모델

철학자

자렐이 답을 알아내도록 의도적인 질문을 자주 던졌고, 덕분에 자렐은 학습 자신감도 키울 수 있었다.

[항공기관사]

아이가 학교에 들어가면 이제는 항공기관사 역할이 중요해진다. 항공기관사가 기체의 시스템을 빠짐없이 모니터하면서 필요할 경우 개입하여 상황에 따른 직무를 수행하듯, 부모는 아이의 활동에 관여하는 모든 사람과 시스템이 아이에게 최대한 유리하게 기능하도록 살핀다. 제 궤도에서 이탈한 부분이 감지되면, 다시 말해 훈육 문제가 발생하거나, 아이가 학교에서 납득하기 어려운 평가를 받아오거나, 자기 확신에 찬 아이가 교사와 마찰이 생기는 등의 일이 일어나면 부모는 해결책을 찾기 위해 개입한다.

엘리자베스는 자렐이 전학을 갈 때마다 아들이 영재반 시험을 볼 수 있도록 행정관을 만났다. 수준이 가장 높은 반에서 공부해야 최고의 기량이 길러질 테고, 그래야만 경쟁에서 밀리지 않는다고 판단해서다. 동시에 영재 수업을 받은 결과로 뒤따르게 될 다양한 기회도 생각해둔 행동이었다.

[해결사]

해결사도 항공기관사처럼 문제 해결에 주력하는 역할이다. 하지만 항공기관사가 아이가 이미 일원으로 들어가 있는 곳(대체로 학교 같은)의 시스템 내에서 해결책을 찾는다면, 해결사는 비상요원처럼 신속히 개입하지 않으면 기회의 문이 닫혀버리는 문제들을 해결한다.

해결사 역할을 수행하려면 부모는 자녀의 문제를 해결하기 위해 도움이 될 사람과 자원을 찾아야 한다. 엘리자베스가 자렐의 학자금 지원 문제에서 하버드대 측을 설득하기 위해 주교의 도움을 구했던 일이 좋은 사례다.

[계시자]

계시자로서 부모는 아이에게 새로운 생각을 깨우쳐준다. 사고력을 넓혀줄 주제로 아이를 유도해 상상력을 자극하는 한편, 아이 자신이 장차 어떤 사람이 될 수 있고, 또 무슨 일을 할 수 있는지에 대해 자신의 가능성을 깨닫게 이끌어준다.

엘리자베스는 자렐을 교회의 여러 활동에 등록시키고 무료 콘서트와 박물관, 축제 등에 데리고 다니며 세계관을 넓혀주었다. 또한 흑인 전문직 종사자들과 아이들을 연결해주는 블랙 어치버스(Black Achievers)라는 프로그램에 참여해 성공의 롤 모델을 보게 해주었다. 엘리자베스는 이와 같은 활동을 통해 불우한 환경의 아이들은 좀처럼 알지 못하던 세계를 자렐에게 경험시켜주었다. 그리고 이 경험들은 현재 자렐이 좋은 기회를 누려온 사람들과 그러지 못한 사람들 사이에서 다리가 되어주려는 목표에 통찰력을 불어넣어 준다.

[철학자]

철학자는 자녀의 인생 초반기부터 적극적으로 나서서 자녀가 인생의 의미와 목표를 찾도록 도와주는 역할이다. 마스터 부모는 아이에게 자신의 세계관을 공유해준다.

엘리자베스처럼 가난한 환경에서도 성공한 자녀를 키워내는 부모들은 가난이 결코 받아들여선 안 되는 운명이라는 점을 인생 신조로 전수해줬다. 엘리자베스가 다섯 살의 자렐과 버스에 탔다가 길모퉁이에서 건들거리는 남자애들을 가리키며 저렇게 살기 싫으면 공부해야 한다고 말했을 때 자렐은 그 말을 새겨들으며 정신을 바짝 차렸다. 교육을 매개로 삼은 어머니의 성공 철학에 힘입어 자신이 경제적으로 상위에 있는 학생들과 경쟁할 수 있고, 경쟁해야만 한다는 의지를 다졌다. 자신 같은 사람은 그럴 의지도 능력도 없다는 식의 메시지를 떠들썩하게 발표하던 당시의 통계를 철저히 무시하면서 말이다.

[롤 모델]

롤 모델은 그저 말로만 가르치는 것이 아니라 직접 행동으로 보여주면서 가르치는 역할이다. 부모는 자녀가 행동하길 바라는 대로 행동한다. 자신의 세계관을 행동을 통해 자녀에게 직접 보여주는 것이다.

엘리자베스는 자렐이 한창 클 나이 때 대학에서 강의를 들었다. 그래서 자렐은 어머니가 자신과 여동생들을 뒷바라지하는 중에도 짬을 내어 공부하는 모습을 지켜보며 자랐다. 엘리자베스는 몸소 모범을 보여주면서 아들 역시 높은 꿈과 결의, 전략적 행동과 유연성을 갖추길 바랐다. 엘리자베스가 더 성공적인 삶을 살 수 있다는 모범을 보여주지 않았다면 자렐은 거리에서 보고 자란 깡패나 비행청소년 무리처럼 살았을지 모른다.

[협상가]

협상가는 아이가 주체적으로 행동하면서 자기주장을 제대로 펼치도록 도와준다. 아이가 혼자 힘으로 감당하기 어려운 문제가 생길 때 나서서 그 문제를 해결해주는 것이 해결사 역할이라면, 협상가는 아이가 스스로 해결해나가도록 준비시켜주는 역할이다.

그렇다고 해서 아이가 뭐든지 마음대로 선택하게 내버려두지는 않는다. 협상가는 독립심을 길러주고 격려해줄 뿐만 아니라 필요에 따라 행동을 제한하거나, 잘못된 행동을 혼내거나, 서툰 결정에 반대하며 개입하기도 한다. 마스터 부모는 아이에게 자기주장을 펼칠 발언권과 기회를 주되, 일관된 규칙과 한계선을 정해놓는다.

엘리자베스는 언제나 자렐의 생각을 존중해주며 어른들에게도 반박할 말이 있으면 해도 된다고 가르쳤다. 실제로 자렐은 호킨 스쿨 재학 당시에 한 교사에게 『주홍글씨』의 해석을 놓고 이의를 달기도 했다. 그러면서도 엘리자베스는 자렐이 친구들의 괴롭힘을 피해 집에만 있으려 하면 밖에 나가서 다른 아이들과 어울리라고 타일렀다. 자렐은 어머니가 정한 규칙을 따랐지만 발언권도 가지고 있었다. 그래서 어머니의 말대로 집 밖으로 나가긴 했지만 (엘리자베스가 허용해주는) 여러 과외 활동 중에서 하고 싶은 것을 스스로 선택했다.

[GPS]

마지막으로 GPS 역할은 자녀가 스스로 선택한 인생의 목적지까지 도달하는 데에 부모의 조언과 지혜가 길잡이가 되어주는 것이다. 자동차의 내비게이션과 유사한 GPS 역할은 평생 자녀에게 부모의 철학과 일치하는 방향을 가리켜줄 수 있다.

엘리자베스는 틈날 때마다 자렐에게 우수한 교육을 받을 자격이 충분하다고 격려하며 자신감을 불어넣어 주었다. 그 격려 덕분에 위축감이나 위화감을 털어낼 수 있었고, 무엇이든 열심히 노력하면 된다고 결심했다. 엘리자베스의 격려는 수년이 지나도록 머릿속에 남아 끝까지 버텨낼 힘이 되어주었다. 심지어 하버드대 재학 중에는 생활비를 벌기 위해 화장실 청소를 해야 하는 상황까지도 감내하게 해주었다. 자렐은 지금 자신이 가르치는 저소득층 흑인과 라틴계 아이들에게도 어머니의 메시지를 전파하고 있다. "너희들에게도 동등한 조건에서 교육받을 자격이 있어."

성공한 자녀를 키우기 위한 부모의 여덟 가지 역할은 두 그룹으로 나뉜다.

첫 번째 그룹은 자식에게 성공할 만한 자질을 키워주고 세상에 나아가 경쟁을 펼칠 준비를 시켜주는 역할들이다. 호기심을 자극하고 새로운 것을 배우려는 학습열을 북돋아주는 조기학습 파트너 역할이 여기에 해당된다. 그 외에도 양육 공식의 여덟 가지 역할 대부분이 첫 번째 그룹에 해당한다.

두 번째 그룹에 해당하는 항공기관사와 해결사는 자녀의 성공 기회를 확실히 다져주는 역할로, 둘 다 자녀에게 유리한 기회를 찾아내고 지켜주는 행동을 수행한다.

이 역할들 가운데 조기학습 파트너와 항공기관사의 두 역할은 특정한 순서를 따른다. 아이가 집 안에서 지내다가 바깥세상으로 나갈 시기가 되면 부모는 조기학습 파트너로 가까이에서 챙겨주던 단계에서 벗어나 항공기관사로 멀리에서 챙겨주는 단계로 옮겨가게 된다. 조기학습 파트너와 항공기관사는 기본 토대를 닦아주는 역할로 아이가 세상 밖으로 잘 나서도록 도와주는데, 이때의 영향은 자녀가 성인기에 이르고도 한참 후까지 미친다.

그 외의 역할들은 동시적으로 펼쳐져서 조기학습 파트너와 항공기관사 역할의 수행 시기와 겹치지만 일부 역할은 시간이 지나면서 중요도가 더 높아지기도 한다. 예를 들어, 게시자 역할은 유년기 초반 자녀에게 세상의 일상적 절차를 접하게 해주는 과정에서 크게 티 나지 않게 개시된다. 그러다가 자녀가 집 밖으로 나가는 시기가 되면 아이를 더 넓은 세계에서 더 많은 사람들을 접하게 해주면서 역할이 확대된다.

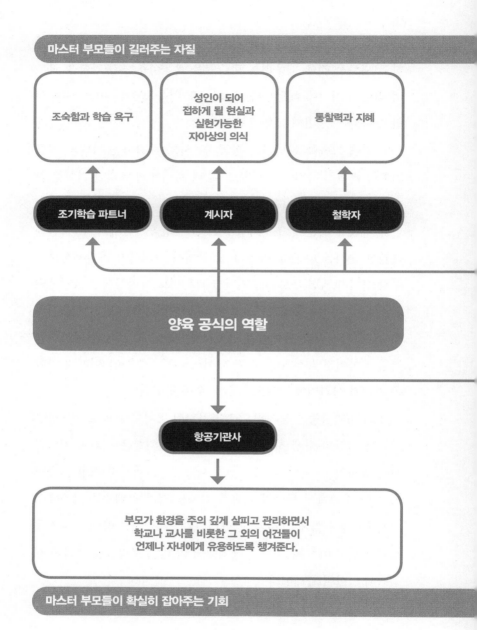

마스터 부모들이 길러주는 자질

| 조숙함과 학습 욕구 | 성인이 되어 접하게 될 현실과 실현가능한 자아상의 의식 | 통찰력과 지혜 |

조기학습 파트너   계시자   철학자

양육 공식의 역할

항공기관사

부모가 환경을 주의 깊게 살피고 관리하면서
학교나 교사를 비롯한 그 외의 여건들이
언제나 자녀에게 유용하도록 챙겨준다.

마스터 부모들이 확실히 잡아주는 기회

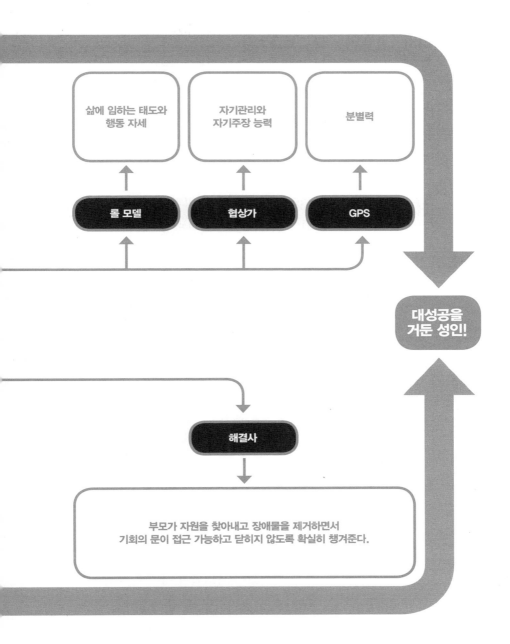

삶에 임하는 태도와
행동 자세

자기관리와
자기주장 능력

분별력

롤 모델

협상가

GPS

대성공을
거둔 성인!

해결사

부모가 자원을 찾아내고 장애물을 제거하면서
기회의 문이 접근 가능하고 닫히지 않도록 확실히 챙겨준다.

하버드가 말하는 최고의 교육법

우리가 말하는 양육 공식은 부모의 교육에 따른 자녀의 발달 양상을 다룬 수많은 이론 가운데 하나일 뿐이다. 다른 이론에서는 중산층 가정과 노동계층 가정의 교육 방식 차이에 주목하는가 하면, 아이의 생활에 철저하게 개입하는 교육에 대한 찬반론을 다루거나 부모의 훈육 방식에 따라 행동과 성적에 미치는 영향을 살펴보기도 한다. 최근에는 아시아 전통 문화에 기반을 둔 자녀교육의 장점을 제기하면서 베스트셀러에 오른 책도 있다.

반면에 양육 공식은 뛰어난 성취를 이끌어주는 교육 방식의 특징을 찾으려는 분명한 의도에 따라 시작되었다는 점에서 다르다. 우리의 목표는 기존의 여러 양육 개념에 응수하여 그 개념의 옳고 그름을 증명하려는 것이 아니었다. 부모로서 가장 효과적인 교육 방식이 무언가를 두고 여러 개념을 저울질하려는 것도 아니었다. 양육 공식은 여러 방식과 공통성을 띠기도 한다. 따라서 양육 공식이 다른 양육 방식과 일치하는 부분을 살펴보는 동시에 마스터 부모만의 특징을 더 잘 이해하기 위해 잠시 여러 양육 방식을 비교해 보자.

[집중 양육]

1990년대에 펜실베이니아대학교의 사회학자 아네트 라루는 대학원생 제자들과 팀을 이루어 12곳의 가정(백인 가정 6곳, 흑인 가정

5곳, 다인종 가정 1곳)을 3주 동안 매일같이 심층 관찰했다. 이는 빈곤층, 노동계층, 중산층을 아우르는 3, 4학년생 88명의 가정을 조사하던 연구 활동의 일환이었다.

라루는 이 연구에서 사회 경제적 배경에 따라 아이들의 양육 방식에 큰 차이가 난다고 결론지었다. 그녀는 양육 방식을 두 가지로 나누었는데, 첫 번째 양육 방식이 집중 양육(concerted cultivation)이다. 중산층에서 보편적으로 행하는 이 양육 방식은 아이에게 어른들, 특히 권위 있는 인물에게도 자신 있게 행동하라고 가르친다. 또한 방과후와 주말 활동을 비롯해 높은 수준의 과외 활동을 하도록 격려해준다. 라루가 관찰한 결과, 이러한 양육 방식을 실행하는 부모들은 대체로 자녀들 본인이 직접 선택하지 않은 꿈을 강요했다. 또한 자녀에게 과도한 일정을 짜주어 자신만의 관심사를 발전시키거나 스케줄이 없는 자유 시간을 활용하는 방법을 배울 기회를 제한하기도 했다.

양육 공식의 원칙에 따라 양육되는 자녀들 역시 목표의 성취를 위해 어른과 협상하는 요령을 비롯해, 어른을 어려워하지 말고 편하게 대하도록 배운다. 하지만 집중 양육을 수행하는 부모들이 대체로 어떤 과외 활동을 할지 지시하는 반면, 마스터 부모의 자녀들은 대개 스스로가 활동을 선택한다. 부모가 메뉴를 제시해주긴 하되 음식은 자녀가 직접 선택하는 식이다.

이 책에 나오는 성공한 인물들은 모두 어린 시절에 방과후 프로그램과 특기개발 활동에 참여했지만, 또 한편으론 스케줄이 없는 자유 시간을 많이 가지면서 자신이 하고 싶은 자율적 활동을 마음 껏 펼치기도 했다.

[자연적 성장]

라루가 구분한 두 번째 양육 방식은 일명 자연적 성장(natural growth)으로, 부모가 아이의 안전을 지켜주긴 해야 하지만 '아이 들이란 본래 어른이 일일이 간섭하지 않아도 알아서 자란다'라고 믿는 편인 노동계층과 빈곤층 가정에서 보편적이다.

자연적 성장의 양육 방식은 아이들에게 특별한 스케줄이 없는 자유 시간을 많이 줌으로써 밖에서 놀며 스스로 우정과 관심사를 키우게 한다. 하지만 혼자 있거나 다른 아이들과 어울리는 시간이 많기 때문에 집중 양육을 받으며 자란 아이들처럼 권위에 편하게 대하거나 자기주장을 펼칠 만한 언어능력을 키우기가 힘든 편이 다. 이런 양육 방식의 부모들은 토론과 협상을 허용하기보다는 명 령을 내린다.

마스터 부모 밑에서 자란 인물들은 어른을 어려워하지 않을 뿐 만 아니라 필요한 경우엔 이의를 제기해도 된다는 가르침을 받으 며 자랐지만, 거의 모든 자녀들의 말대꾸나 무례함은 웬만해선 용 납되지 않았다.

라루가 주목하여 살펴본 바에 따르면 노동계층 부모들은 중산층 부모들에 비해 교사와 행정관들에게 뭔가를 요구하길 꺼리는 경 향을 나타냈다. 이러할 경우 자녀들이 때때로 교사와 학교로부터 미흡한 도움을 받게 된다. 마스터 부모들은 사회 경제적 지위를 막론하고, 자녀의 학교생활을 주의 깊게 살펴보다 필요할 경우엔 강단 있게 요구하고 나섰다.

물론 자연적 성장형 양육에도 이점이 있다. 대체로 이러한 양육을 받은 아이들은 더 폭넓은 활동을 하며 형제나 일가친척들과 돈독한 유대를 쌓는다. 블루칼라 부모들은 빠듯한 형편 탓에 아이를 특기개발 프로그램에 보내주지 못하는 경우도 있지만, 라루의 관찰에서 드러났듯 노동계층 아이들은 중산층 아이들에 비해 지루함을 덜 느끼고 학업 피로감도 덜 받는다. 게다가 더 높은 자립심을 키우기도 한다.

양육 공식 역시 자립심을 키워준다. 일단 마스터 부모가 유익한 일과를 차근차근 가르치며 습관으로 자리 잡아주고 나면, 그 뒤로는 이러한 습관이 아이의 길잡이 역할을 해준다. 노동계층의 부모들처럼 마스터 부모들 역시 아이가 관심사를 보다 유기적으로 키우게 두면서 시간을 스스로 짜보도록 믿고 맡겨준다. 하지만 많은 노동계층 부모들이 경제적인 이유로 그렇게 내버려두는 반면, 마스터 부모들이 아이에게 부여해주는 자유는 그것이 아이에게 유익할 것이라는 판단에 따른 전략적 선택이다.

[헬리콥터 양육]

헬리콥터 양육은 1969년에 출간된 하임 기너트 박사의 『부모와 십대 사이』에서 처음 쓰인 용어로, 부모가 헬리콥터처럼 아이 주변을 맴도는 양육을 의미한다. 과도하게 개입하면서 종종 성가실 정도로 참견하는 양육 방식을 가리키며, 대개 부정적 의미로 쓰인다. 하지만 그렇다고 해서 장점이 없는 것은 아니다. 아이에게 보살핌을 받고 있다는 안정감을 주는 한편, 새로운 것들을 접하게 해줄 기회의 여지가 많다.

하지만 헬리콥터 양육은 아이를 따라다녀도 너무 따라다녀서 아이가 혼자 힘으로 장애물을 처리하며 자신감을 키울 기회를 제한시킨다. 헬리콥터 부모의 양육을 받는 아이는 특히 어른들과 독자적인 관계를 세우기 힘들어한다. 헬리콥터 부모는 스스로 정신적 손상을 자초하기도 하는데, 아이의 보육자로서의 정체성에 너무 몰입해 있다가 자식이 독립하여 집을 나가면 상실감에 빠지기 쉽다.

양육 공식에서는 부모가 아이를 주의 깊게 살펴보되 개입의 문제에서는 전략적이다. 항공기관사와 해결사 역할을 펼칠 때도 대체로 일정한 거리를 두고 아이가 상황을 스스로 해결할 수 없는 경우에만 개입한다. 그래서 아이가 스스로 문제를 해결하는 데에 자신감을 붙이는 동시에 여전히 보살핌을 받고 있다는 안정감도 느끼게 한다. 마스터 부모들은 자녀교육을 최우선 순위에 두긴 해도 여기에만 매달리진 않는다. 다시 말해, 양육을 우선시하며 희생을 치를 만한 일로 여기지만, 또 한편으론 육아와는 별개로 자신의 관심사와 목표를 갖고 있다.

[호랑이 양육]

예일대학교 교수이자 두 아이의 엄마인 에이미 추아가 2011년에 출간한 『타이거 마더』를 통해 유명해진 양육으로 아시아계 가정의 엄한 교육 방식이다.

호랑이 양육을 하는 부모는 조기학습 파트너처럼 일찌감치 아이와 함께 책을 읽고 놀아주는 데 많은 시간을 할애한다. 하지만 이후 단계에서는 학업과 과외 활동 모두에서 완벽함을 성취하도록 아이에게 과중한 압박을 가한다. 반면에 마스터 부모는 아이에게 최선을 요구하지만 아이의 완벽성이나 아이비리그 대학 입학 여부에만 집착하지 않는다. 자녀가 부모의 기대에 따라 노력하느냐의 문제보다는 자신의 인생 방향을 스스로 찾고, 그곳으로 나아가기 위한 효율적인 방법을 터득하느냐의 문제에 더 관심을 둔다.

호랑이 양육은 자율성을 북돋아주지 못할 뿐더러 열등감과 원망을 촉발해 정서적 타격을 가할 위험마저 있다. 2013년에 444명의 중국계 미국인 학생들을 대상으로 진행된 조사에서도 밝혀진 것처럼 호랑이 양육은 중국계 미국인 가정에서 가장 보편적인 양육 방식도 아니었고, 가장 효과적인 양육 방식도 아니었다. 호랑이 부모에게 양육을 받는 아이들은 격려하는 스타일의 양육을 받는 아이들에 비해 성적도 가족 간의 애착도도 더 낮았다.

[권위 있는 양육]

마지막으로 살펴볼 양육 방식은 권위 있는 양육이다.

1960년대에 임상 심리학자 다이애나 바움린드는 자녀의 훈육을 둘러싼 기존의 쟁점이 잘못 호도되고 있다는 생각에 이 문제에 관심을 갖게 되었다. 당시에 일부 부모들은 아이에게 절대로 체벌을 해서는 안 된다는 신념에 따라 양육을 했다. 심지어 아이가 버릇없이 굴어도 예외가 없었다. 그런가 하면 또 어떤 부모들은 아이를 엄하게 다스려서 엄격하게 체벌해야 한다고 믿고 있었다.

둘 다 잘못된 양육이라고 판단한 바움린드는 권위 있는 양육이라는 신조어를 만들어냈다. 이 용어는 두 입장의 절충적 태도, 즉 '관대하면서도 엄한' 양육 태도를 가리키는 용어로, 엘리자베스가 자신의 양육 태도를 설명하기 위해 사용한 표현과 일치한다. 구체적으로 말해서 권위 있는 양육이란 자애롭되 규칙을 정하고, 시행하는 문제에 관해서는 단호한 (하지만 공정한) 정서적 태도를 말한다. 권위 있는 방식으로 양육 받아온 아이는 부모가 자신의 말을 귀담아 들어주며 자신을 존중해준다는 것을 알지만, 부모가 한 번 정한 규칙은 꼭 시행한다는 것도 잘 안다.

권위 있는 양육은 아이의 의견에 호응해주지 않는 양육(권위주의적 양육), 한계선을 좀처럼 정해주지 않는 양육(허용적 양육), 호응과 한계선 설정이 둘 다 희박한 양육(방임적 양육)과는 다르다.

지금까지 살펴본 여러 유형의 자녀교육을 통틀어 양육 공식과 공통점이 가장 많은 유형이 바로 권위 있는 양육이다. 권위 있는 부모는 마스터 부모처럼 한계선 그어주기와 스스로 결정할 자유 허용해주기 사이에서 탁월하게 균형을 잡는다.

양육 공식은 지금까지 살펴본 모든 양육 방식과 어느 정도 공통점이 있긴 하지만 성공적인 자녀 양육의 로드맵으로서 분명한 차별성을 띤다. 왜일까? 마스터 부모는 의도적이고 전략적인 방식의 교육을 단호히 수행하기 때문이다.

Chapter 4

부모는 자녀 인생의 전략가이다

학습과 기억을 전문분야로 다루는 심리학 교수 리사 손은 웬만한 사람은 좀처럼 시도할 수 없는 양육 방식을 해내고 있다. 그녀는 전략적 거짓말하기에 바탕을 두는 별난 방식을 통해 자녀를 스스로 답을 찾아내는 비상한 아이로 길러내고 있다.

뉴저지주 북부에서 한국인 이민자 부모의 딸로 태어난 리사는 쇼트 힐스에서 컴퓨터 프로그래머인 남편과 함께 인터뷰 당시에 여덟 살과 세 살이던 딸과 아들을 키우고 있었다.

쇼트 힐스는 산업계 거물들과 맨해튼 대기업 임원들이 사는 곳으로 2014년에 《타임》지로부터 '미국 최고의 부촌'으로 선정되었다. 이 동네 집값은 보통 170만 달러에 이르며, 10가구 중 7가구가

15만 달러 이상의 소득을 벌고 있다. 3개 국어 정도는 해야 인정 받는 분위기여서 영어를 배우기도 전에 중국어나 스페인어를 배우기도 한다.《타임》의 보도에 따르면 이곳 아이들의 평균 시험 점수는 미국 최고 수준이다.

모든 부와 성공에는 압박이 따르기 마련이다. 리사는 아이들이 모든 일에서 최고가 되어야 한다는 부담감에 시달리는 모습이나, 조바심이 난 부모들이 아이들에게 이런저런 활동을 몰아붙이는 모습을 지켜봐왔다. 하지만 바로 그런 부모들이 아이의 질문에 답을 너무 쉽게 알려주거나, 아이가 틀리면 답답한 마음에 큰 소리로 알려주는 모습도 봐왔다.

틀린 답을 알려주는 엄마

"딸이 세 살 무렵 처음으로 한국에 있는 사촌과 전화 통화를 했어요. 저녁 시간이었는데 제가 통화를 마치고 말했어요. '참, 그 애는 오늘 아침에 일어나자마자 통화를 했겠네.' 그랬더니 딸이 '네?'라고 대꾸하더군요. 어리둥절했던 거예요. 그래서 이렇게 설명해줬어요. '있잖아, 지금 여기는 저녁이지만 한국은 아침이란다.' 딸이 또 반문했어요. '네?! 왜요?'"

얼핏 생각하기엔 리사가 또래보다 영특한 어린 딸에게 지구의 자전에 대해 설명해주었으려니 싶겠지만 리사는 무려 3개월 동안이나 제대로 답해주지 않았다. 리사의 딸은 아침마다 잠에서 깨면 그녀에게 그 시간에 잠자리에 들었을지 모를 사촌형제의 얘기를 물었다.

대신에 리사는 딸에게 약간의 힌트를 주며 태양빛이 비치면 아침이 된다는 것과 지구가 어떤 모양인지를 가르쳐주었다. 그러다 드디어 '대박 힌트' 하나를 말해주었다. 그때까지 중에서 가장 큰 힌트였다.

"전 깜깜한 방에 손전등을 가져왔어요. 그때쯤 딸아이는 빛이 태양으로부터 온다는 것을 알고 있었죠. '자, 이 손전등을 태양이라고 치고 이 손전등을 켜서 비추면 어느 쪽이 밝아지지?' 딸은 그 무렵에 지구가 자전한다는 것을 스스로 깨우쳐 알고 있었기에 제 말을 듣고 힌트를 얻었죠. 그런 딸을 보며 이제는 절대 잊어버릴 일 없이 확실히 깨달았겠구나 생각했어요."

인지심리학과 기억 분야 전문가인 리사는 갖가지 유형의 학습증진 전략을 연구하고 있다. 그중 색다르고 특이한 전략 하나가 특정 사실에 대한 사소한 거짓말하기인데, 답을 직접적으로 알려주지 않으면서 스스로 풀어나가는 능력에 자신감을 붙여주는 방법이다.

"저는 지각적 사실에 한해서 아이들에게 자주 거짓으로 알려줬어요." 언젠가 한번은 딸이 한창 철자를 배우던 중에 'happy'의 스펠링을 물었다. '아마 h-a-p-y일 걸.' 리사는 딸에게 일부러 틀린 답을 말해줬다.

딸은 뭔가 이상하다는 느낌이 들었다. 그러곤 그 단어를 써보더니 코를 찡그리며 말했다. "이게 아닌 것 같아요."

"글쎄, 엄마 생각엔 'h-a-p-y'인 것 같은데." 리사가 대꾸했다.

리사의 딸은 다른 식의 스펠링을 시도해보다가 마침내 스스로 'happy'를 쓸 줄 알게 되었다. "저는 딸이 단어의 스펠링을 물으면 직접 알려주지 않아요. 그냥 힌트만 주죠." 한번은 딸이 'crazy'의 스펠링을 물었다. "딸은 마지막 글자에서 헤맸어요. 'crazie'인지, 'crazy'인지를 놓고 헷갈려 했어요. 그래서 저는 'babies'처럼 'craizes'가 자연스럽게 느껴지는지 아니면 어딘가 이상한 것 같은지 물었어요."

리사의 딸은 다른 단어들을 통해 얻은 감을 바탕으로 그 단어의 올바른 스펠링을 상상해야 했다.

리사의 의도는 아이들을 헷갈리게 하려는 것이 아니다. "자칫 역효과를 낼지도 모를 피드백을 줄이기 위한 거예요. 부모는 본능적으로 아이에게 답을 하나하나 알려주고 싶겠지만 그런 식으로 하다간 학습 속도를 둔화시키기 쉬워요. 일일이 알려주기보다는 아이들이 스스로 학습하는 것을 훨씬 더 중요시해야 해요. 아이가 중간에 틀리더라도 알아서 배워가게 해야 해요."

우리가 이야기를 나눠본 다른 마스터 부모들과 마찬가지로 리사도 아이들을 가르치기 위한 전략을 구상하는 데에 많은 공을 들였다. "저는 반감을 유발하지 않으면서 참을성과 견해를 키워줄 좋은 방법이 없을지 이리저리 궁리해봤어요. 제 아이들이 그런 자질을 거부감 없이 키우길 바랐어요."

스스로 답을 찾아가는 아이

리사는 다른 자녀에게도 작은 거짓말을 통해 기대한 성과를 거두었다. 이번 경우엔 틀린 답을 알려주는 방법을 썼다. "아들은 한 살 반쯤 됐을 때 색깔을 배웠어요. 그 뒤로는 이리저리 돌아다니며 종알종알 색깔을 말했어요. '파란색이다.' 그러면 제가 '아니야. 이건 분홍색이야'라고 대꾸하곤 했죠. 아들은 어리둥절해하는 표정으로 저를 쳐다보다 잠시 후에 '그렇지만 이건 파란색 같은데'라고 말했어요. 그러면 저는 이랬어요. '글쎄, 엄마는 분홍색 같은데.'"

이런 대화를 통해 리사의 아들은 사람마다 관점과 견해가 다르다는 것을 배웠고, 자신의 판단을 신뢰하는 동시에 남들의 판단도 존중할 줄 알게 되었다.

"그 이후로 아들은 깨닫게 되었어요. 엄마와 자신이 서로 다른 관점으로 사물을 바라보지만 그렇다고 해서 그것이 잘못된 것은 아니라는 점을요. 저는 상대방이나 남들의 견해에 아주 유연한 태도를 취해야 한다고 생각해요. 그래서 두 아이도 모두 그런 생각에 따라 키워왔어요."

누가 보더라도, 리사 손의 교육 방식은 정말 독특하다. 하지만 그 이면에는 마스터 부모들이 자녀의 학습의욕을 자극시켜주는 방식에서 나타나는 전략적 사고가 숨어 있다. 리사는 아이들이 스스로 답을 찾길 좋아하고 알쏭달쏭한 문제가 있으면 그냥 못 넘어간다는 점을 파악하고서 해답을 찾고 싶은 동기를 자극할 정도로만 유도한다.

그 과정에서 아이들은 다른 사람에게 기대하거나 의지하여 답을 알아내는 게 아니라 스스로 답을 찾고, 답을 추적하는 과정을 즐기게 된다.

"아이들이 스스로 배우게 하는 것은 아이에게 운전대를 잡게 해주는 것과 같아요. 이러한 능동적 학습이 제 연구 분야인 메타인지의 핵심 요소예요."

리사의 두 아이는 아직 어리지만 그녀는 이미 지금까지 기울인 노력의 성과를 거두고 있다. 아들과 딸 모두 일찌감치 글을 뗐을 뿐만 아니라 벌써 2개 국어를 말할 줄 안다. 유연하고 자율적인 사고를 할 줄 알며 어른들에게도 어려워하지 않고 질문을 한다. 이 모든 자질은 리사가 나름의 구상에 따라 전략적 방법을 통해 아이들을 키웠기 때문이다.

전략가 엄마에게 필요한 세 가지
∙∙∙∙∙∙∙∙∙∙∙∙∙∙∙∙∙∙∙∙∙

성공적인 자녀교육은 우연에 따르는 것이 아니라 목표 의식에 따라 행해진다. 엘리자베스의 경우를 생각해보자. 그녀는 어린 자렐이 학교에서 공부를 잘해 클리블랜드 빈민가에서 벗어났으면 하는 바람에 따라 전략적인 양육을 했다. 걸음마쟁이 때부터 글자와 숫자를 가르치면서 조기학습을 시키고, 영재 프로그램의 여부를 기준으로 노숙인 쉼터를 정했다.

우리와 인터뷰를 나눈 성공한 인물들의 부모는 모두 리사와 엘리자베스처럼 말 그대로 전략가들이었다. 전략가란 바람직한 미래를 구상하여 그것을 성취하는 데에 필요한 방법을 파악한 후 실행에 옮기기 위해 할 수 있는 모든 노력을 펼치는 사람이다. 마스터 부모의 교육 방식은 이러한 전략가의 방식과 똑같다.

자녀를 잘 키우는 유능한 전략가가 되려면 세 가지 요소가 필요하다. 그중 무엇보다 당연한 것은, 부모가 자녀에게 많은 관심을 기울이는 일이다. 마스터 부모는 자녀의 성향을 속속들이 파악하고 그렇게 알아낸 성향에 따라 교육 방식을 조정한다. 리사 손의 자녀들이 금세 좌절하는 성향이었다면 리사 손의 방법은 오히려 역효과를 냈을지도 모른다. 하지만 리사는 두 아이가 쉽게 포기하지 않는 성향이라는 사실을 파악하여 호기심을 스스로 학습하려는 의지로 발전시켜주었다. 두 아이가 이루어가는 성취도에 따라 학습 방법을 조정하면서 아이들이 성공의 궤도에서 이탈하지 않게 유도해주었다.

전략가 부모에게 꼭 필요한 나머지 두 요소는 무엇일까? 바로 부모의 비전과 그 비전을 떠받쳐줄 강렬한 동기다.

부모의 개인사는 세계관과 가치관을 결정짓고, 이러한 세계관과 가치관은 세상에 대한 관점과 대응법을 좌우한다. 따라서 당연한 얘기일 테지만, 부모의 개인사가 양육 방식에도 영향을 미치기 마련이다.

마스터 부모들의 경우엔 대개 개인사가 우리가 '불꽃(Burn)'이라고 명명한 강렬하고 뿌리 깊은 동기를 낳는다. 불꽃은 자녀가 자신의 능력을 최대한 펼치도록 도우려는 부모의 결의를 지펴주는 원동력이자 양육의 구체적인 실행 방법을 잡아주는 원천이다.

세 딸을 잘 키울 수 있었던 원동력

캘리포니아주 서부에 있는 도시 팰로앨토에서 저널리즘 교사로 활동하는 에스더 보이치키와 스탠퍼드대학교에서 물리학을 연구하는 남편 스탠은 수없이 받아온 질문이 하나 있다. 바로 세 딸을 훌륭하게 키운 비결에 대한 것이다. 그들의 세 딸은 모두 남성이 지배하던 분야에서 대가의 위치에 올랐다. 사실, 이 질문은 에스더 보이치키 자신도 자문해보는 질문이다.

그녀의 딸들은 사람들 사이에서 '실리콘밸리 자매들'이라고 불린다. 맏딸인 수잔은 현재 유튜브의 최고경영자로, 몇 년 전에는 구글 최초의 마케팅 책임자로 일했는가 하면, 《포브스》지가 선정한 '세계에서 가장 유력한 인물'에 뽑히기도 했다. 에스더의 막내딸 앤은 현재 혁신적인 유전 정보 분석 기업인 23앤드미(23andMe)의 CEO로 일하고 있으며, 그녀의 유전 정보 분석법은 《타임》지로부터 가장 중요한 발명품으로 선정된 바 있다. 에스더의 둘째 딸 자넷은 인류학자인 동시에 캘리포니아대학교 샌프란 시스코 캠퍼스 약대의 역학 교수로 활동하며 두 자매 못잖게 훌륭한 커리어를 쌓고 있다. 선발되기 어렵기로 유명한 풀브라이트 장학생 출신으로 아프리카 여러 지방의 방언을 하며, 사하라 사막 이남의 아프리카 주민을 중점으로 영양분 인자와 HIV 감염 진전 간의 연관성을 파헤친 개척자다.

에스더의 세 딸은 그동안 텔레비전과 잡지 인터뷰를 통해 현재의 자신들이 있기까지 부모, 특히 어머니가 어떤 식으로 교육해주었는지에 대해 이야기해왔다. 딸들의 말에 따르면 에스더는 딸들에게 거의 모든 문제는 해결 가능하다고 가르쳤다. 권위자에게 의문을 제기해도 괜찮으며, 경우에 따라서는 꼭 필요할 때도 있다고 가르쳤다.

에스더는 딸들이 권위에 도전하면서 자신이 어린 시절 누리지 못했던 기회를 누리며 살길 원했다. 에스더는 아들을 딸보다 우선시하는 사회 내에서 가난한 정통 유대교 집안의 딸로 컸다. 맏이였던 그녀는 첫 번째 남동생이 태어났을 때 이제부터는 그가 집안의 1순위라는 말을 들었다. 자신이 아니라 남동생이 최우선이라고.

열 살이 되었을 때는 집이 얼마나 가난한지를 절감했다. "저희는 가진 게 너무 없었어요. 정말 찢어지게 가난했어요. 그때 마음먹었죠. 공부만이 유일한 탈출구라고요." 하지만 열네 살이 되었을 때 부모님에게 대학 학비를 대주지 못한다는 말을 들었다. 늘 우등생이었고 고등학교를 수석으로 졸업했는데도 부모님의 방침엔 변함이 없었다. "저축해둔 돈은 모두 세 남동생을 위해 써야 한다고 하셨어요."

부모님은 돈 많은 유대인 남자와 결혼하는 것을 인생 목표로 삼으라고 했지만 에스더는 오래 생각하고 말 것도 없이 부모님 말씀을 거스르기로 작정했다. 고등학교 때부터 보도직 일자리를 얻고 캘리포니아대학교 버클리 캠퍼스에 장학생으로 입학해서 영문학과 정치학에서 학사 학위를 취득했다.

에스더는 자라면서 세상에 뭔가를 증명하고픈 열망을 품었다. 여자도 재능 있고 똑똑하다는 것을 보여주고 싶었다. 그러한 열망이 딸들을 자기 확신에 찬 대담한 인물로 키우겠다는 결의를 다지게 했고, 결국 그 뜻대로 해냈다.

에스더의 성장 배경을 보면 딸들의 당찬 면모가 모전여전이라는 생각이 든다. 에스더의 막내 동생 데이비드는 어느 날 약병을 가지고 놀다가 아스피린을 여러 알 삼켰다. 어머니는 그 사실을 알자마자 의사를 불렀고 의사의 지시대로 잠을 재웠다. 하지만 별 차도가 없었다. 그때서야 가족들은 응급실에 입원시키려 했지만 병원비를 지불할 능력이 확실치 않다는 이유로 세 곳에서 연달아 퇴짜를 맞았다. 네 번째로 찾아간 병원에서 받아주긴 했지만 그때는 너무 늦은 뒤였다. 결국 데이비드는 가족 곁을 떠났다.

동생이 허망하게 죽은 일을 계기로 에스더는 깨달은 게 있다. 권위 있는 사람들 중에는 무능하고 무관심한 이들도 있으며, 그들은 존경받을 자격이 없다는 것. 그 뒤로 에스더는 어머니와 달리 권위자들에게 도전하기 시작했다. 스스로 견해를 세우면서, 권위자들에게 주장의 근거와 정당성을 밝혀달라고 이의를 제기했다. 그리고 그녀의 불꽃에 힘입어 이러한 태도가 딸들에게도 전해졌다.

부모가 그리는 자녀의 미래

자녀가 미래에 갖추길 바라는 훌륭한 자질들, 즉 자녀의 미래상은 자녀교육 전략에서 핵심을 차지한다. 우리는 이러한 비전을 '홀로그램 이상'이라고 이름 붙였다. '홀로그램'은 부모가 성인으로 성장한 자녀의 이미지를 마음의 눈에 투영시키고 있다는 의미에서, '이상'은 이 이미지에는 부모가 자녀에게 기대하는 최고의 자질들이 아우러져 있다는 의미에서 붙인 것이다.

우리가 만나본 마스터 부모들의 경우 자녀가 태어나기 전에 마음에 홀로그램 이상을 그렸다. 그중 많은 부모가 자녀가 충분한 지원을 받으며 실력을 키워서 가난 없는 삶을 사는 이상을 그렸다. 그리고 자신은 이런 이상과 동떨어져 있다 해도, 자녀만큼은 그 이상에 가까워지도록 최선을 다해 헌신했다.

그렇다고 해서 자녀를 이용해 자신의 실패를 보상받거나 자녀를 통해 자신의 꿈을 대신 실현시키려는 의도를 갖지는 않았다. 마스터 부모의 목표는 자녀가 최선의 자아를 실현하도록 도와주는 것이지, 부모의 분신으로 만들려는 것이 아니다. 홀로그램 이상은 부모의 전략을 위한 지침이지 구속복이 아니다. 이런 홀로그램 이상을 통해 자녀에게 바라는 바는, 자녀가 부모의 가르침을 받아들이고 부모의 비전을 재해석해서 자신만의 독자적인 비전을 세우는 것이다.

엘리자베스의 홀로그램 이상은 빈민가 생활에서 벗어나고, 고등교육을 받고, 중산층 직업을 갖는 아들이었다. 리사 손의 홀로그램 이상은 독자적인 사고를 할 줄 아는 자녀들이었다. 하지만 누구보다도 인상적인 홀로그램 이상을 품었던 사례로는, 일레인 배저를 빼놓을 수 없다.

일레인의 불꽃은 작은아들, 척에게만은 과거의 실수를 반복하지 않고 싶은 열망이었다. 당시에 그녀의 큰아들은 교도소에 있었고, 일레인은 그것이 길거리에서 방황했던 큰아들의 인생에 제대로 개입하지 않은 자신의 잘못 같았다. 그래서 척만큼은 하나부터 열까지 큰아들과 다르게 키우기로 마음먹었다.

일레인 배저는 개인적 여건상, 성공하기 위해서 무엇을 어떻게 해야 할지 알기가 어려웠다. 가난한 데다 성공한 사람들과 단절된 환경에 있었고, 신체적 장애가 있어 몸을 움직이는 데도 제약이 있었다. 하지만 이러한 불리한 여건에도 불구하고 척을 남보다 뛰어난 인물로 키우고픈 의지가 단호했다. 일레인은 척이 아직 배 속에 있을 때부터 성공한 사람의 이미지를 마음에 그려두었다.

일레인은 아들이 '중산층이 되는' 비전을 세워놓고 척에게 그런 비전에 걸맞게 행동하길 입이 닳도록 주지시켰다. 특히 용모를 언제나 단정하게 해야 한다고 신신당부했다.

오래전부터 흑인계 미국인 사이에서는 용모와 행동을 단정하게 하는 것이 인종차별주의자에 맞서는 사회적 저항 행위였다. 이는 말하자면 '나도 어엿이 존중받을 만한 사람이다'라는 주장의 표출이다. 19세기 미국인 중에서 카메라에 가장 많이 찍혔을 법한 인물인 노예제 반대론자 프레더릭 더글러스가 그 좋은 사례다. 사진 속 더글러스는 흑인은 열등하다고 여기는 사회적 인식에 맞서서 단정한 용모와 품위 있는 자세로 연설을 펼치고 있다.

척은 어머니가 세운 높은 기준이 자신의 성공에서 중요한 역할을 했다고 고백한다. 현재 척은 20대의 젊은 나이에 성공한 정치 자문가로 활동하고 있다. 유튜브에 들어가면 2016년 대선을 주제로 열린 토론의 C스팬(C-SPAN) 중계 동영상에서 척이 자신의 입장을 고수하는 모습을 볼 수 있다. 동영상 속 척은 말쑥하게 차려입은 복장에 말끔하게 삭발한 머리와 단정하게 다듬은 턱수염을 하며, 기품 있는 자세로 호소력 높은 토론 실력을 펼쳐 나이에 비해 몇십 년은 더 성숙한 인상을 풍긴다.

척은 그가 태어나기도 전부터 일레인이 품었던 홀로그램 이상의 현실 속 모습이다. 그녀가 바랐던 대로 고급 어휘를 구사하고, 넥타이를 맨 단정한 옷차림을 하며, 우리가 그랬듯이 '저 젊은이는 대체 누구지?'라는 궁금증이 드는 사람으로 성장했다. 하지만 토론 무대 위의 척은 그의 어머니가 바랐던 모습일 뿐만 아니라 당의 철학에 독자적 중도 관점을 펼치는 온전한 자기 자신이기도 하다.

전략적 접근법은 이 책 전반에 걸쳐 자주 볼 요소일 뿐만 아니라 부모들이 해야 할 여덟 가지 역할의 DNA에도 내재되어 있다. 양육 공식이 더 큰 효과를 발휘하려면 부모가 아주 일찍부터, 경우에 따라선 아이가 태어나기도 전부터 전략적 자세를 취해야 한다.

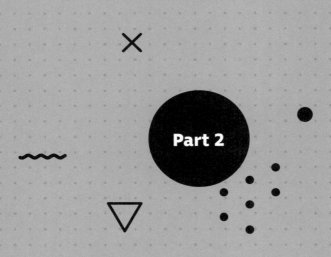

Part 2

하버드 부모들은
어떻게 키웠을까?

Chapter 5

5세 이전 자녀의
출발선을 앞당기다 ▶조기학습 파트너

롭 험블은 오클라호마주의 작은 도시 콜린스빌에서 가장 똑똑한 아이였다. 이런저런 상을 받아 지역 신문에 자주 이름이 실렸던 롭은 보통의 우등생과는 달랐다. 주 대표 악단, 주 대표 오케스트라, 주 대표 합창단에 선발되어 활동했고, 풋볼과 축구, 육상, 역기 등의 스포츠 활동에도 참여했는가 하면 뜨개질도 잘했다. 하지만 세인트루이스 소재의 명문대 워싱턴대학교에 합격한 이후부터는 이 모든 활동에 더는 관심을 두지 못했다.

이제는 발등에 떨어진 불부터 꺼야 했다. 롭은 공학을 전공하고 싶었는데, 신입생 공학 필수 과목인 미적분학과 물리학을 고등학교 때 배우지 못한 것이다. 롭이 의지할 방법이라곤 대학 입학 전

여름에 4주 코스의 집중강좌를 들어놓는 것뿐이었다.

세인트루이스로 옮겨온 첫 주에 롭은 곧바로 미적분 II와 미적분 기반 물리학 강좌에 등록했지만 한편으론 그 기간 동안 준비가 충분할지 초조했다.

"그 여름에 미분에 대한 기초 지식은 전부 습득했지만 적분에 대해서는 여전히 뭐가 뭔지 헷갈렸어요." 충분히 이해되는 걱정이었다. 연속곡선 아래의 면적을 구하는 적분의 계산은 미적분 교수가 학생들에게 가장 우선적으로 내는 문제다. 더군다나 동기생들이 학업 수준에서 롭보다 저만큼 앞서 있을 것이 뻔했다. "저는 대학에 들어온 첫 주에 부모님께 전화를 걸었다가 울음이 터져 버렸어요."

그해에, 그의 담당 교수들은 신입생을 대상으로 복잡한 공학설계 경쟁을 붙였다. 롭과 동기생들은 직접 설계한 로봇을 조종해서 교수들이 제시한 만만치 않은 장애물 코스를 통과해야 했다.

그 바람에 롭은 걱정이 더 늘었지만 한편으로는 자극도 되었다. 신입생 중 최고의 로봇을 만들기 위해 계획을 세밀히 세워나가는 사이에 머릿속에서 아이디어가 마구마구 솟구쳤다. 어떤 목소리가 귀에 대고 이렇게 속삭이는 듯했다. '자, 뭔가를 해낼 수 있는 좋은 기회야.'

롭의 어린 시절 기억 중 하나는 네 살 때 아버지와 바닥에 앉아서 레고 놀이를 하던 순간이다.

"제가 레고 블록으로 탑을 쌓으면 그걸 본 아버지는 이렇게 말씀하셨어요. '멋지게 쌓았네. 그런데 파란색 블록만 가지고 쌓아볼 수 있겠어?' 제가 아버지 말처럼 탑을 쌓으면 아버진 또 이러셨어요. '우와, 정말 잘하네. 그런데 빨간색이랑 노란색 줄무늬 블록으로도 탑을 쌓을 수 있겠어?'"

아버지인 밥 시니어는 자주 레고 놀이를 해주며 아들이 레고 탑을 더 창의적으로, 더 능숙하게 쌓아보도록 도전 의지를 자극했다. 롭이 약 9킬로그램의 무게를 견딜 만한 다리를 만들 수 있는지 궁금하다는 투로 돌려 말하거나 점점 좁아지는 계단이 달린 탑을 쌓게 도와주며 새로운 도전을 유도했다.

"저는 아들에게 이렇게 말하기도 했어요. '노란색 레고로 쌓은 저 집을 보고 똑같이 만들어보면 어떨까?'" 밥 시니어가 오클라호마주 특유의 비음 섞인 억양으로 회고담을 이어갔다. "아들은 그 자리에 앉아서 이렇게 저렇게 시도해봤어요. 그때 모델로 제시해준 레고 집은 만들기 쉬운 거였어요. 그 집은 같은 크기의 블록으로 쌓은 것이었는데, 아들은 다른 크기의 블록으로 같은 모양의 집을 만들어보고 있었어요."

5세 전까지 닦아야 할 성공의 기본

롭의 아버지가 수행한 조기학습 파트너 역할은 여덟 가지 역할 중 첫 번째이자, 성공한 사람들의 비결을 푸는 데 가장 중요한 단서이다.

조기학습 파트너로서 마스터 부모는 생후부터 다섯 살까지 기간 동안 성공적인 인생의 토대를 닦아주기 위한 활동으로 자녀를 유도한다.

이 책에서 소개하는 성공한 사람들 가운데 상당수가 세 살에서 다섯 살 때까지 아버지나 어머니와 함께 '아주 많은 시간을 보낸' 기억을 떠올렸다. 그 시간 동안 롭이 레고 놀이를 하며 보냈다면, 자렐은 낱말 읽기를 했고, 매기 영은 바이올린을 익혔으며, 또 다른 성공한 자녀들은 자연을 탐구하거나 숫자를 익혔다.

이 시기의 이러한 활동은 놀이로만 그치지 않았다. 블록을 가지고 놀기든, 플래시 카드 읽기든, 악기 익히기든, 가만히 별을 응시하기든 간에 조기 놀이는 집중력과 상상력, 비판적 사고를 북돋아주는 식으로 뇌를 자극한다. 이 세 가지는 모두 물리학이나 미적분, 작문같이 이후에 접할 더 어려운 학습에 제대로 몰입하기 위한 자신감과 기량을 길러준다.

롭은 로봇 경진대회 얘기를 듣는 순간 교수들이 학생들에게 뭘 원하는지 알아차렸다. 참신함을 발휘하는 것이 관건이었다. "제 실력을 제대로 펼쳐 보일 분야라고 생각했어요."

문제점을 파헤쳐 해결해내는 것이 주특기인 롭은 이렇게 말을 이었다. "학교에서 존재감을 드러낼 좋은 기회였어요. 그 외엔 제가 기를 펼 만한 일이 없었거든요."

롭은 몇 주 동안 밤잠을 잊으며 열중했다. "학생들은 실험실에서 로봇을 조립했는데 제가 실험실 개방 시간이 지나서도 더 있고 싶어 하니까 관리자들이 아예 저한테 열쇠를 주더군요. 그래서 토요일 아침 7시에 실험실 문을 열고 들어가서 자정이 다 되도록 나올 생각을 안 했어요. 어떤 때는 배고픈 줄도 모르고 했어요."

힘든 도전이었지만 롭은 자신에게 딱 들어맞는 일을 만난 느낌이었다. 경진대회 당일, 롭은 여름날의 미풍만큼이나 차분했다. 그리고 그의 로봇은 바퀴에 기름칠이라도 한 듯 장애물 코스를 매끄럽게 통과했다. 모든 학생이 로봇 제작용 모터를 두 개씩 받았지만 롭은 하나의 모터만으로 거뜬히 로봇을 만들었다. "친구들은 아무도 오지 않았지만 아빠는 오클라호마에서 세인트루이스까지 그 먼 길을 차를 몰고 오셨어요."

롭은 경진대회에서 우승하는 순간, 남겨두었던 모터에 깃발을 달아 빙빙 돌리면서 경쟁 학생들에게 상징적인 승리의 어퍼컷 세리머니를 날렸다.

놀이가 두뇌에 미치는 효과

아이가 아주 어릴 때부터 마스터 부모들이 가장 중요하게 여기는 활동은 뇌를 자극시켜 문제 해결력을 키워주는 활동이다. 즉, 머릿속으로 뒤죽박죽 섞인 퍼즐 조각들을 제대로 끼워 맞춰보게 해주는 활동이다.

알고 했든 모르고 했든 간에, 롭의 아버지가 어린 아들과 레고 놀이를 해준 일은 롭이 공간 추론력과 공간적 직관 같은 정교한 기량을 키우는 데 한몫했다(이 기량들은, 자체적 레고 연구소가 마련되어 있는 MIT의 연구진에 따르면 공학의 기초라고 한다). 레고 놀이는 아이들에게 기하학에 대한 감각을 키워주는 데 유용하다. 물리적 구조물을 상상하고 여러 모양과 크기의 레고 블록을 어떻게 조립할지 구상한 후에, 이를 실행해 옮겨 상상한 구조물을 만들어내도록 도와준다.

그뿐만이 아니다. 최근에 뇌 MRI 스캔 기술을 통해 쏟아져 나오는 증거들이 뒷받침하다시피, 여러 가지의 특정 활동, 그중에서도 특히 블록 놀이는 놀이를 하는 동안 뇌를 말 그대로 재조직해준다.

2016년에 인디애나대학교 연구진이 신경영상술을 활용해 블록 쌓기가 뇌의 활동에 미치는 영향을 검토하여 그 연구결과를 발표한 바 있다. 연구진은 8세 아동들을 두 그룹으로 나누어 30분 동안 다섯 차례의 스크래블(철자가 적힌 플라스틱 조각들로 글자 만들기를 하는 보드게임-옮긴이)과 블록 쌓기 놀이를 시키며 놀이 전과 후의 뇌를 스캔하여 두 게임이 공간처리 능력에 미치는 영향을 비교했다. 또한 놀이 전과 후의 심적 회전(어떤 물체를 회전시킬 경우 어떤 모양이 될지를 상상하는 것) 테스트도 실시했다.

다음은 연구진의 관찰 보고이다. "블록 놀이는 뇌활성 패턴을 변화시켜, 아이들이 심적 회전 문제를 푸는 방식에 변화를 일으켰다. 관찰 결과 블록 쌓기를 한 그룹에서만 공간 처리와 연계된 뇌 영역이 활성화되었다."

다시 말해, 스크래블 놀이를 한 아이들에게는 이러한 변화가 나타나지 않았다는 얘기다. 블록 놀이를 한 아이들은 반응 시간과 정확성도 더 향상한 것으로 관찰되었다. 8세 아동들이 이 정도라면 뇌 발달 속도가 더욱 빠른 5세 이하의 아동에겐 어떤 영향을 미치겠는가?

공간 인식은 아동이 카드를 삼각형 모양으로 세워 탑처럼 쌓아 올리는 카드탑 놀이를 하거나, 체스 게임을 하거나, 인형의 집을 조립하거나, 비디오 게임 마인크래프트에 새로운 세계를 만드는 경우에도 강화된다. 특히 비디오 게임에서는 게임 플레이어가 물체를 시각화해 심적으로 회전시켜야 하기 때문에 이 공간 인식이 결정적이다. 그렇다면 한 걸음 뒤로 물러나 공간 문제 해결력이 사람에게 어떤 기량을 갖춰주는지에 대해 실질적으로 따져보자.

자동차 디자이너는 공간 추론력을 활용해 디자인을 구상한 다음, 상상한 모양을 스케치하며 구상한 디자인을 머리에서 종이로 옮겨야 한다. 이어서 진흙으로 (처음엔 소형 모형으로, 나중엔 실제 크기의 모형으로) 자동차의 3차원 모형을 뜨는 단계에 들어서면 또다시 이 공간 추론력을 활용해 문제점을 해결하고 상상을 수정하고 디자인을 가다듬으면서 구상을 실물로 바꾸어가게 된다.

아이가 'x + 3 = 5' 같은 간단한 문제를 풀 때도 x를 따로 떼어놓기 위해 방정식의 양변에서 3을 빼야 한다는 것을 이해하려면 마음의 눈을 활용해야 한다. 이 아이가 기하학 문제를 풀 경우엔 다양한 모양을 가진 이미지를 떠올리며 조합 방식을 바꾸거나 다각

형의 양변 각도를 바꾸면 어떤 모양으로 변할지 머릿속으로 그려 봐야 한다.

공간 추론력은 STEM[과학(Science), 기술(Technology), 공학(Engineering), 수학(Mathematics)]에서만 유용한 것이 아니다. 스포츠에서도 레슬링 선수는 상대를 특정 자세로 유도할 방법을 상상하고, 유도 교습생은 몸이 바닥에 부딪히기 전에 충격을 완화시켜줄 낙법을 머릿속에 그려보게 된다.

본질적으로 따지면, 레고 블록을 가지고 이것저것을 만들어본 덕분에(특히 롭의 아버지가 유도해준 방식 덕분에 더욱더) 롭은 수학과 과학의 기본 개념을 이해하게 되었을 뿐 아니라, 문제점을 찾아내 분석한 다음 해결책을 구상하는 요령까지 터득하게 되었다. 롭 자신도 네 살 때 배운 문제 해결 태도가 로봇 경진대회에서 최종 우승까지 거두는 데 결정적 역할을 했다고 믿어 의심치 않는다.

유년기의 경험이 중요한 이유

블록 놀이뿐만 아니라 아주 어릴 때 경험한 다양한 활동이 성인기의 재능에까지 영향을 미친다는 사실은 과학적 연구로도 증명되고 있다. 신경생물학자들을 통해 입증된 바에 따르면 숫자 세기, 손가락으로 가리키기, 토론하기, 글 읽기, 악기 연주나 스포츠 활동 같은 유년기 초반의 여러 경험이 취학 전 뇌의 물리적 구조에 영향을 미쳐 아이가 평생 동안 특정 기량을 얼마나 쉽게 익히게 될지를 좌우할 수도 있다. 더군다나 뇌의 건설적 자극의 경우엔 예외 없이, 새로운 아이디어가 이동하는 신경 경로가 강화되기도 한다. 이는 도시가 발전함에 따라 도로가 넓어지고 교통량이 늘어나는 원리와 같다. 간단히 말해서, 롭이 아버지와 함께 레고 놀이를 하며 다른 모양의 블록들을 쌓아가던 그 시간이 14년 후 롭이 참여한 로봇 경진대회에서 그와 비슷한 사고양식을 더 쉽게 수행하도록 롭의 뇌 구조를 예비 조정해준 셈이다.

롭은 우승 후에 자신감을 되찾았고 미적분 과목에서 B학점을 받아냈다. 평생 받아본 점수 중에 가장 낮은 점수였지만 처음 공부할 때의 실력을 감안하면 대성공이었다. 그는 좋은 성적을 내기 위해 노력하면서도 틈틈이 합창단 활동, 교내 종교단체 활동까지 병행했고, 심지어 학비를 보태기 위해 아르바이트도 했다.

대학 졸업 후에는 굴지의 방위산업체에 들어가 한 부서를 이끌었고, 20대의 나이에 포춘 1000대 기업에 드는 업체에서 임원급 직무를 맡기도 했다. 그 이후엔 하버드대 MBA 코스를 밟았는데, 이때 하버드 신학대학원생이던 지금의 아내를 만났다. 경영대학원 과정 수료 후에는 댈러스의 화학 회사에 입사해 기업전략 부문을 맡았다. 1년 후에는 또 다른 굴지의 기업에 들어가 최말단인 전략 담당자의 직위에서 최고위 전략 기획자로 승진했다. 30대 초반인 현재는 한 법인 기업의 수석 전략가로 일하며 아내와 함께 어린 두 남매의 조기학습 파트너가 되어주고 있다.

학습을 위한 결정적 시기

조기학습 파트너가 여덟 가지 역할 중에서 가장 중요한 이유는 부모가 이 역할을 통해 자녀의 출발선을 빨리 끊어주기 때문이다. 취학 전 유용한 놀이는 자녀에게 큰 이점을 부여해주며, 특히 학업에서 다른 아이들보다 앞서는 유리함을 얻게 해준다.

분야를 막론하고 조기학습은 삶의 토대를 탄탄히 다지는 데에 대단히 중요하다. 동물의 왕국에서는 삶의 시련과 학습이 태어난 순간부터 시작된다. 모든 유기체는 내재된 행동양식, 즉 본능을 갖고 태어나지만 아무리 타고난 본능이라고 해도 출생 이후 생존을 위한 기술로 발전시키지 못하면 무용지물이다.

예로 흰뺨기러기들을 살펴보자. 흰뺨기러기들은 산악지대나 절벽에 둥지를 짓는다. 이렇게 높은 곳에 둥지를 지으면 포식자들의 공격을 피하기엔 좋지만 먹이를 구하기가 힘들다. 어미 기러기가 새끼들을 위해 둥지로 먹이를 물어다 주지 못하기 때문에 아기 기러기들은 무려 12미터 높이에서 뛰어내려 땅으로 내려오지 않으면 굶어 죽고 만다. BBC에서 촬영한 실제 낙하 장면에서, 조그마한 새들이 기를 쓰고 그 작은 날개를 펼쳐 절벽에서 뛰어내리는 모습은 차마 눈 뜨고 보기가 힘들 정도다.

이 낙하는 새끼 흰뺨기러기의 생존을 위해서 꼭 필요한 과정이다. 하지만 그렇다고 해서 반드시 본능적 행동이라고 할 수는 없다. 먹이를 찾아다니는 기술이나, 북극여우를 피해 숨는 기술이나,

대륙을 가로질러 이주하는 기술 역시 본능적 행동이 아니다. 본능은 이런 행동이 아니라 부모를 따라 하려는 흰뺨기러기 새끼의 충동이다.

인간도 아주 어릴 때 생존에 필요한 기술을 배우기 위해 부모를 흉내 내려는 충동이 내재되어 있다. 흰뺨기러기가 고유의 환경에서 번성하기 위해 새끼들의 타고난 본능에 의지하는 것처럼, 우리 부모들 역시 성공한 (혹은 그다지 성공하지 못한) 어른들을 따라 하려는 아기들의 본능을 활용한다. 모든 아이는 유전적 잠재력을 타고나지만 그 잠재력이 얼마나 발휘될지는 아이의 환경에서 가장 중요한 역할을 맡은 부모가 어떻게 하느냐에 달려 있다. 예를 들어, 유아들은 말하고 싶은 본능을 갖고 있어도 부모의 도움이 없이는 언어를 배우지 못한다.

생물학자들과 발달심리학자들은 흰뺨기러기 새끼들이 가르침을 빠르게 터득해내는 짧지만 분명한 이 시기를 '결정적 시기'라고 부른다. 이 시기는 한 유기체의 신경계가 특정 기술을 터득하고 특정 자질을 갖추는 데 유용한 자극에 아주 유연하고 민감하게 반응하는, 흥미로운 성숙기에 해당한다.

오스트리아의 동물학자 콘라트 로렌츠는 결정적 시기라는 개념을 처음으로 널리 알린 인물이지만 그의 가장 유명한 업적은 따로 있다. 이 결정적 시기 중에 일어나는 애착형성 원리, 즉 각인 현상의 발견이다. 그는 갓 태어난 회색기러기들이 부화한 후에 처음 본 자극다운 자극에 각인되는 현상을 발견했는데, 심지어 그 각인 대상이 인간이 되기도 했다. 당시의 다큐멘터리에는 로렌츠에게 각인된 회색기러기 떼가 그를 졸졸 따라다니며 부모처럼 대하는 모습이 그대로 담겨 있다. 로렌츠는 그 이후에 회색기러기들이 장화나 공 같은 사물에 각인되기도 하는 현상을 발견하면서, 각인이 부화 후 몇 시간 내에 일어난다고 확신했다.

로렌츠는 이 놀라운 연구의 업적을 인정받아 1973년에 노벨생리의학상을 수상했다. 그는 인간의 양육에 대한 사고방식에 변화를 유도하기도 했는데, 그의 연구에서 암시되는 바에 따르면 유기체는 정상적 발달이 일어나려면 특정 시기 동안 특정 과제를 접하면서 그 요령을 터득해야 한다. 이러한 사실은 현재 과학계에도 규명되고 있는 부문이다.

이 결정적인, 혹은 '민감한' 학습 시기는 생후부터 5세까지 절정기를 이루면서 초등학교 저학년까지 이어지는데 '발달 가소성 (developmental plasticity)' 시기로 일컬어지기도 한다. 이 시기에는 아이들이 자극에 특히 민감하고 습득력이 뛰어나 뇌가 스펀지처럼 지식을 빨아들인다.

정서적 유대감이 자라는 시간
. . . .

결정적 시기는 엄청난 학습 기회를 선사해주는 동시에 위험한 경고장을 내포하기도 한다. 결정적 시기를 놓치면 이후의 시기엔 만회가 불가능하다는 경고장이다. 로렌츠가 발견한 또 다른 현상에 따르면, 새들이 결정적 시기 동안 부모에게 기본적인 기술을 배우지 못할 경우엔 나는 법이나 의사소통 요령을 영영 배우지 못할 수도 있었다.

인간의 뇌 발달 체계 역시 쓰지 않으면 사라지는 속성을 지닌다. 갓난아이의 잠재력은 육성시켜줘야 꽃을 피우며 방치해두면 시들고 만다.

우리가 인터뷰를 나눈 마스터 부모들이 생후부터 5세까지 시기에 공을 들인 이유도 그 시기가 발달의 결정적 시기라고 느껴서였다. 유년기 초반에 자신들이 북돋아주는 기량과 자녀의 욕구에 반응해주는 방식이 자녀의 인지적, 사회적, 정서적 발달에 장기적인 영향을 미칠 것이라고 믿었다.

"저에겐 나름의 양육론이 있었어요. 제가 생후부터 다섯 살까지 아이에게 어떻게 해주느냐에 따라 아이의 남은 평생이 결정된다는 지론이었죠." 에스더가 취학 연령이 되기 전부터 딸들에게 읽기와 숫자를 가르치는 것을 그토록 중요시한 이유가 바로 이런 지론 때문이었다.

롭 험블의 아버지는 그보다 훨씬 이른 시기의 경험 역시 중요하다고 말했다. 그는 자녀들이 배 속에서도 자신의 목소리를 들을 수 있다는 확신에 따라 점점 불러오는 아내의 배를 향해 감미로운 중저음의 음성으로 노래를 불러주었다.

"롭은 엄마의 배를 통해 제 목소릴 들었고 세상에 나왔을 때 그 목소릴 알아들었어요. 제가 노래를 불러주면 생기를 띠곤 했죠. 안정감을 느끼는 것 같았어요. 그건 나중에 태어난 딸도 마찬가지였죠."

사실, 롭의 아버지가 느꼈듯 아이는 태어나기 몇 달 전부터 소리를 들을 수 있다. 몇 년 전에 독일 뷔르츠부르크대학교의 카틀렌 베름케 박사 연구팀은 신생아들의 울음소리를 분석하는 획기적인 연구를 실시했다.

베름케 박사와 연구진은 디지털 녹음기를 활용하여 수백 시간에 걸쳐, 프랑스와 독일의 생후 2~5일 된 갓난아기 60명의 울음소리 패턴을 연구했다. 그런 후 컴퓨터 소프트웨어로 이 울음소리를 분석했더니 놀라운 결과가 나왔다. 프랑스 아기들의 울음소리는 프랑스어 사용자들의 억양처럼 처음엔 낮았다가 점점 커졌다. 또 독일 아기들은 독일어 사용자들의 말투처럼 울음소리가 처음엔 높았다가 낮아졌다. 연구진은 이 아기들이 임신 마지막 몇 달간 어머니의 음성을 쭉 듣고 있다가 이제는 말을 할 준비 과정으로 그 억양을 흉내 내고 있던 것이라고 결론지었다.

초반 선두 효과를 좌우하는 '읽기'

인간은 사회적 패턴을 인식하는 재주가 특히 뛰어나다. 인간 행동의 가장 큰 동인 중 하나는 자신의 사회적 지위를 지키거나 높이고 싶은 욕망이다. 선사시대 사람들은 사회적 패턴을 감지하는 인식 능력을 활용해 사회적 위계를 분간했다. 즉, 부족 내에서 누가 위력이 세고 약한지, 자신이 어느 무리에 잘 맞는지 등을 파악했는데, 이는 현재의 우리도 다르지 않다.

사회과학자들의 연구에 따르면 대다수 아동은 3학년 정도 되면 학급 내에서 자신의 지위가 우세한 편인지, 고만고만한 정도인지, 뒤처져 있는지를 의식하게 된다. 하지만 우리가 인터뷰한 성공한 사람들은 유치원에 들어갈 무렵부터 이미 또래 사이의 사회적 위계 패턴을 파악했다. 다시 말해 모두가 똑같이 대우받는 게 아니라는 사실을 알았다.

이 책에서 소개한 사례처럼 일찍부터 관찰력을 기른 아이들의 경우엔 유치원 때부터 벌써 자신이 다른 또래보다 앞서 있고, 그래서 더 많은 주목을 받아왔다는 점을 의식한다. 이러한 의식은 앞으로도 쭉 무리의 선두에 서고 싶은 마음을 부추겨 더욱 노력하게 한다.

우리 두 사람은 이런 현상을 '초반 선두 효과'로 이름 붙였다. 자렐에게 일찍부터 읽기를 가르치기로 마음먹은 엘리자베스의 결정은 자렐의 진로에 파급효과를 일으켜 자렐이 유치원에 들어간 날부터 우수한 아이가 되도록 이끌어주었다. 자렐은 아직도 또렷이 기억하고 있다. 등원 첫날 자신이 글을 읽자 선생님이 놀라며 자신에게 보여주었던 관심을. 다른 또래보다 앞서 있으면 선생님이 더 애정을 보인다는 것을 자렐은 금세 눈치챘다.

이런 식의 성장담을 우리는 인터뷰한 200여 명의 사람들에게 수도 없이 들었다. 거의 하나같이 유치원 때 쉬운 문장 몇 줄을 읽었더니 선생님이 법석을 떨며 신통해했다며, 그 시절을 기분 좋게 회고했다.

교사들이 이러한 반응을 보인 데는 그럴만한 이유가 있다. 유치원 교사들은 대체로 글자의 소리나 두세 개의 단어 읽기 이전의 기량에 초점을 두는 편이며, 학년 초일수록 더욱 그렇다. 교사들이 반가워하는 또 다른 이유는 이미 그 정도의 기본 학습을 터득한 아이라면 가르치기가 더 수월할 뿐만 아니라 다른 것도 잘 배우리라 기대하기 때문이다.

이런 이야기는 읽기뿐 아니라 여러 학업 능력과 관련해서도 종종 들을 수 있다. 이러한 경험을 한 성공한 사람들은 한결같이 그때 자신이 선생님을 기쁘게 한 느낌이 들어서 다음번에도 선생님을 기쁘게 하고 싶었다고 한다. 그때는 아직 자신들이 꼭대기에 있다는 위계의식을 전적으로 이해하지 못했지만 기분은 뿌듯했다. 대다수는 이때를 기점으로 뛰어난 학업 성취자로서 남다른 사회적 정체성을 싹틔웠다.

안타까운 현실이지만, 리사 손, 밥 시니어, 매기의 부모 같은 헌신적인 조기학습 파트너가 없다면, 아이로선 성취를 위한 동기와 높은 수준의 기량을 키울 기회가 확 낮아지고 만다. 앞에서도 살펴봤다시피 이때는 학습을 위한 결정적 시기다.

스토리텔링 능력 기르기

우리가 인터뷰한 이들 중에 글을 좋아하는 부모들은 수잔과 수제트 말보 자매의 어머니처럼 스토리텔링과 독서에 치중했다.

말보가의 가정은 사실상 스토리텔링 작업실이었다. 자매가 장차 스토리텔러가 되도록 육성시켜준 견습장이나 다름없었다. 이들은 현재 한 명은 CNN 앵커로, 또 한 명은 변호사이자 콜로라도대학교의 인권법 교수로 활동하고 있다. 말보가의 가정은 독서하기 제격인 도서관이기도 했고, 그림, 노래, 인형극, 댄스 등 자유분방한 놀이와 체계가 있는 놀이를 두루 즐길 무대이기도 했다. 집 안에서는 그냥 버려지는 물건이 없었다. 다 쓴 두루마리 화장지 심지나 빈 우유갑도 놀잇거리나 장식거리로 활용되었다. 큼지막한 냉장고 상자도 버리지 않고 놔두면 어느 날 멋진 작은 집으로 변신했다.

자매가 세 살 때부터 초등학교 저학년 때까지 유독 좋아한 활동은 종이 인형을 그려 한 가족을 만든 다음 아이스크림 막대에 붙여서 놀기였다. 종이 인형 가족은 저마다 그 가족만의 사연과 특색이 있다. 인형의 가족 형태도 아시아인 가족, 라틴계 미국인 가족, 흑인과 백인 혼합 가족으로 그때마다 다양하게 바뀌었다.

"종이 인형을 그리고 오려서 이야기를 만들며 놀다 보면 몇 시간이 훌쩍 지나곤 했어요." 수잔의 말이다.

이러한 이야기 짓기(현실 속 사람들의 삶을 상상하기)는 뇌를 확장시켜준다. 이야기 짓기를 하려면 이야기 속의 인물들이 쓰는 단어, 몸을 움직이는 자세는 물론이요, 심지어 말투와 감정까지 생각해내야 한다. 인물들이 어떤 관계를 맺고 서로에게 어떤 영향을 미치는지도 상상해야 한다.

또한 이야기 짓기는 공감력도 키워준다. 이야기를 짓다 보면 다른 사람의 입장이 되어보게 되고, 또 그렇게 되면 다른 이의 생각과 감정을 '읽는' 능력이 늘어난다. 더불어 그 감정에 호응하는 능력도 커진다.

이야기 짓기는 '마음 이론(theory of mind)'을 크게 키워주기도 하는데, 이 마음 이론은 과학계에서 타인의 생각을 예측하는 능력을 일컫는 말이다. 예를 들어, 아주 어린 아이는 숨바꼭질 놀이를 하면서 자신이 술래를 보지 못하면 술래도 자신을 못 볼 거라고 생각할 수도 있다. 다른 사람의 시야와 관점이 자신과는 다르다는 것을 아직 이해하지 못하기 때문이다. 캐나다 요크대학교의 심리학자인 레이몬드 마가 취학 전 아동을 대상으로 연구한 결과에 따르면, 이야기를 많이 읽어준 아이일수록 마음 이론이 더 정교해졌다.

유년기 초반에 인형극을 읽게 하고 스스로 이야기를 만들며 인형 놀이를 한 덕분에 수제트와 수잔 말보 자매는 현실 세계 이야기를 통찰하고 전달하는 데 유용한 인지력이 길러졌다. 그리고 이 기반을 바탕으로 성인이 되어 법정과 텔레비전 뉴스에서 노련하게 이야기를 풀어나가고 있다.

부모가 학습 파트너가 되어주지 못한다면?

지금까지 살펴본 조기학습 파트너들은 어머니와 아버지들이었다. 하지만 그렇다고 해서 조기학습 파트너가 꼭 부모여야 하는 건 아니다. 조기학습 파트너가 한 명이 아니라 여러 명이었던 파멜라 로사리오의 이야기가 좋은 사례다.

파멜라가 뉴저지주 북부의 고등학교를 수석으로 졸업하고 하버드대까지 졸업하며 성공가도를 걷게 된 첫 출발점은 도미니카공화국의 작은 마을이었다.

파멜라의 생물학적 부모는 임신 당시에 너무 어려서 아이를 낳아 키울 준비가 되어 있지 않았고, 부부 사이도 아슬아슬했다. "두 분은 저를 임신하면서 결혼한 거였어요. 제가 생기지 않았다면 아마 결혼까지는 안 했을 걸요."

부모 모두 딸을 돌보기에는 미숙했던 터라 파멜라는 두 살 때부터 몇 년간을 아버지의 10대 누이들, 그러니까 고모들 손에서 크며 그들을 '엄마'라고 불렀다. 그래서 파멜라에겐 열두 살의 '세르히나 엄마', 열네 살의 '엘리 엄마', 열일곱 살의 '마리 엄마', 열여덟 살의 '아나 엄마', 열아홉 살의 '아니 엄마'가 있었고, 그중 아니 엄마가 집안의 가장이었다.

파멜라를 길러준 이들은 고모들이나 일가친척들뿐만이 아니었다. '세사 패밀리'로 불리던 이웃의 10대들도 있었다. 저마다 파멜라에게 글을 읽는 법, 스스로를 지키는 법, 어른처럼 행동하고 말하는 법 등 자신이 알고 있는 것을 아낌없이 가르쳐주었다.

이 10대들은 파멜라를 작은 아이가 아닌 '작은 어른'처럼 대했다. 파멜라는 자신은 서너 살 때 10대의 인생을 경험했다며 자신의 보육에 참여한 사람들이 많다 보니 그만큼 적응력도 어마어마해졌다고 말했다.

다섯 살 이후의 유년기 동안 파멜라의 양육은 주로 친할머니가 맡았다. 하지만 할머니의 건강이 악화되어 다시 고모들 손에서 키워졌다. 파멜라 곁에는 기꺼이 자신의 열정을 공유해주는 조기학습 파트너들이 늘 옆에 있었다. 어린 파멜라는 성경 읽기를 좋아했던 마리 엄마 옆에서 함께 성경을 읽었고, 소설을 좋아했던 아나 엄마 옆에선 함께 소설을 읽곤 했다. 또 음악을 좋아했던 아니 엄마를 따라 노래를 부르기도 했다. 엄마들이 뭘 하든 파멜라도 따라 했다.

파멜라의 할머니는 딸들에게 "파멜라가 똑똑하게 자라도록 신경 써야 한다"고 늘 당부했다. 그래서 고모들은 목적 의식에 따라 행동하며, 어린 조카가 완벽하지 않은 삶 속에서도 안정감과 애정을 느끼도록 했다. 파멜라가 밤에 무서워하면 20대가 된 엄마들은 자다가 일어나 조카가 안정감을 찾을 때까지 노래를 불러주었다. 또한 의도적으로 자신들의 생활과 관심사에 파멜라를 끼워주면서 파멜라를 어른처럼 대해주며 이야기를 나누었다.

여러 명에게 배운 삶의 공식

파멜라의 조기학습 파트너들은 이렇게 부지불식간에 양육 공식을 따르며 장차 미국에서 도미니카계 이민자로서 맞닥뜨릴 힘든 환경에 파멜라를 대비시켜주었다. 파멜라는 이후에 고모들이 쓰던 스페인어가 아니라 영어를 생활 언어로 쓰면서 살았지만 이때 키운 언어 이해력을 바탕으로 영어뿐만 아니라 프랑스어까지 말하고 쓰는 요령을 배웠다.

파멜라는 저마다의 관심사를 가졌던 여러 사람들과 교감하느라 어린아이로서는 엄청난 정보를 처리해야 했을 테고, 이는 기억력 발달에 유리하게 작용했다. 또 여러 10대 부모들이 파멜라에게 질문을 던지며 의견을 표현하도록 자극해준 덕분에 이해력과 토론 실력을 갖추었다. 그녀 자신도 자신의 논리력과 협상 기술은 고모들 덕분이라고 밝혔다. 고모들이 자신을 나름의 생각과 견해를 가진 온전한 인격체로 대우해준 덕분에 어린 시절에 스스로를 '큰 사람들'과 동등한 사람으로 여기게 되었다고.

파멜라의 성장담에는 몇 가지 눈여겨볼 교훈이 있다. 우선, 건전한 조기 양육을 시행하기 위해서 꼭 돈이 많거나 교육 수준이 높아야만 하는 것은 아니다. 게다가 조기학습 파트너가 꼭 부모여야 하는 것은 아니다.

파멜라는 전통적 가족을 원만히 이루지 못한 와중에도 조기학습을 거치면서 다른 성공한 사람들에 못지않게 많은 기회를 누렸다.

영재반에 선발되어 바이올린 연주를 배웠고, 영어, 프랑스어, 스페인어 등 다양한 언어를 접하고 배웠다. 또 고등학교에 올라가서는 트랙 달리기 선수로 뛰었고, 전미 미래 비즈니스 리더 대회의 교내 대표를 맡았는가 하면, 학생 자치회와 프랑스어 동아리 활동에도 참여했다.

　미국에서 고등학교를 다닐 때에는 도미니카공화국의 영부인이 파멜라의 뛰어난 학업 성취 얘기를 듣고, 그녀에게 도미니카공화국 고등학생들을 위해 진로 계획과 자기계발을 주제로 워크숍을 진행해 달라고 부탁했다. 2010년 아이티 지진 이후에도 영부인은 당시 열아홉 살이던 파멜라에게 또다시 부탁을 해왔다. 참사로 타격을 입은 도미니카와 아이티 아이들에게 미술 치료를 가르쳐달라는 요청이었다. "저는 지진 이후에 성폭행을 당하고, 팔려 가고, 학대받은 아이들을 도와줬어요."

　이 모든 기회와 성취는 여러 명의 조기학습 파트너에게 교육받으면서 경험한 다양한 학습이 없었다면 불가능했을 것이다.

　우리가 파멜라의 발달 과정을 살피면서 그 초점을 전통적 부모에게만 맞췄다면 그녀가 전략적 양육의 산물임을 보지 못하고 놓쳤을지도 모른다.

뇌 발달을 위한 5가지 습관 : 하버드 베이직스

하버드대학교에는 '베이직스(Basics)'라는 캠페인이 있다. 인종 간, 계층 간의 격차를 줄이고 사회적 성취를 높이기 위한 하버드대의 AGI(Achievement Gap Initiative) 프로젝트의 일환으로 시작된 이 캠페인은 로널드 퍼거슨 교수가 주도하고 있다. 베이직스에서는 가정 배경의 차이에 따라 5~6세 전에 나타나는 아동의 인지력 격차를 해소하려는 시도로, 부모들에게 뇌 발달을 위한 다섯 가지 습관을 일상화하도록 가르치고 있다.

1. **애정을 쏟아주며 스트레스 관리해주기.** 심한 스트레스는 뇌 발달에 독이 되기 쉽다. 안정감을 느끼며 성장한 유아들은 사회적 지능과 자제력이 더 높게 나타난다.
2. **말을 걸어주거나 노래를 불러주기. 또는 손가락으로 가리키며 알려주기.** 소리 내어 말을 주고받으면 대화하는 방법을 배우며 자신을 이해하고 표현할 줄 알게 된다. 또한 손가락으로 가리키며 알려주면 유아가 단어와 사물을 서로 연관 짓게 되면서 의사소통에 더 능숙해진다.
3. **숫자 세기, 그룹 묶기, 비교하기.** 조기 활동에 그룹 묶기나 비교하기를 끼워 넣으면 수에 대한 감각을 키워줘서 수학적 사고를 길러주는 데 유용하다.
4. **움직임과 놀이를 통해 탐구하기.** 탐구와 발견을 격려하는 놀이는

아이의 타고난 호기심을 북돋아준다.

5. **독서와 도란도란 토론하기.** 책을 읽으며 얘기를 나누면 논리력이
키워진다.

베이직스와 관련해서 구체적으로 알고 싶다면 다음 사이트의 방문을 권한다.
www.bostonbasics.org

Chapter 6

초등 3학년까지
학교생활을 관리 감독하다 ▶항공기관사

버락 오바마 대통령이 두 딸을 키울 때 얘기를 들려준 것은, 예상 못한 놀라운 순간이었다. 그날 대통령 집무실에서 인터뷰에 참가한 기자 가운데 한 명은 머릿속이 분주했다. 그녀는 어느새 대통령의 교육 방식이 2003년 이후부터 조사 중이던 다른 부모들의 교육 방식과 얼마나 유사한지를 따져보고 있었다.

'미셸과 함께 두 딸이 갓난아기였을 때부터 책을 읽어줬다'고 밝힌 오바마 대통령의 얘기는 이 책에 소개되는 다른 수많은 조기학습 파트너들의 교육 방식과 비슷했다. 또한 오바마 부모는 두 딸이 학교생활을 시작할 무렵부터는 자립심과 책임감을 길러주는 일을 우선시했다. "딸들은 네 살 때부턴 알람시계를 맞춰놓고 스스로 일어나고 잠자리도 자기 손으로 정리했어요."

오바마 부부가 정한 규칙들

오바마 부부는 딸들이 5~6세 때부터 스스로 시간을 관리하도록
가르쳤고, 그 습관이 학교에 들어가서도 잘 지켜지도록 지도했다.
"딸들은 알아서 시간에 맞춰 등교했어요. 저희 부부가 감독을 하
긴 했지만 두 딸은 학교생활에 필요한 여러 습관을 이미 잘 들여
놓았어요."

오바마 부부는 딸들에게 몇 가지 규칙만 정해주었지만 그 규칙을
일관되게 실행했다. 숙제는 학교가 끝나고 집에 오자마자 바로 하
도록 했고, 취침시간은 작은딸은 초등학교 입학 이후부터 오후 8시
30분, 큰딸은 그보다 30분 늦은 시간으로 정해주었다. 책을 볼 때는
취침시간과 상관없이 잠들 때까지 마음대로 읽을 수 있었고, 텔레
비전 시청은 주말에만 가능했다.

"저희 부부는 기대치를 높게 정하는 게 좋다고 생각했어요. 또한
교육을 힘들거나 부담스러운 일이 아니라 혜택으로 여기게끔 의
욕을 북돋아주었습니다."

인터뷰 무렵에 대통령 부부는 당시 열두 살과 아홉 살이던 두 딸
들의 교육에 어느 때보다 적극적으로 힘쓰고 있었다. 정신없이 바
쁜 스케줄 속에서도 딸들의 학업 과정을 관리했고, 딸들의 관심사

를 세심하게 챙겨주기 위해 필요할 경우에는 학교 선생님들과 협력하기도 했다.

"대통령이 되기 전에는 물론이고 대통령이 된 이후에도 학부모 교사 회의에 빠진 적이 한 번도 없습니다. 미셸 역시 그러한 활동에는 빠짐없이 나가고 있고요."

딸들이 크면서 학교에서 보내는 시간이 많아져 떨어져 있는 시간이 늘어나긴 했지만, 어릴 때부터 쌓아온 습관 덕분에 오바마 부부에게는 딸들을 감독하는 일이 그다지 어렵지 않았다.

"저희는 스스로 공부하는 능력을 키워주기 위해 아주 일찍부터 딸들에게 좀 높은 기대치를 세워주었어요. 아이 입장에서 보면 제 태도가 서운했을지도 모릅니다. 학교에서 B를 받아오면 그것밖에 못했다고 못마땅해하는 것처럼 보였을 테니까요."

오바마 부부는 두 딸 모두에게 팀을 이루는 스포츠 활동을 시켰고, 필요하다고 판단되면 숙제를 검사했으며, 교사들과도 꾸준히 연락했다.

"이런 일들은 어느 부모라도 해줄 수 있는 것들입니다. 물론 미셸과 저는 다른 부모들에 비해 자원과 특권이 더 넉넉한 편입니다. 저희도 그 점을 잘 알고 있습니다. 하지만 가난하다고 해서 부모가 이러한 역할을 못하는 것은 아니라고 봅니다. 가난해도 주중에는 텔레비전 전원을 끄고, 학교 선생님과의 상담을 중요하게 여길 수 있으니까요."

아이가 학교에 들어가면

오바마 부부는 두 딸이 학교에 다니게 되자 집에서 이야기를 나눠주고, 책을 읽어주고, 놀이를 같이 해주던 조기학습 파트너 역할에서 벗어나 양육 공식의 두 번째 역할인 항공기관사 역할을 수행했다.

비행기나 우주선의 항공기관사처럼 이때 부모의 주 역할은 감독과 관리이다. 자녀가 학교생활을 시작하면서 맞닥뜨리게 될 문제를 감지하고, 이를 해결하기 위해 세심하게 살펴야 한다. 자녀가 여러 새로운 환경을 접하게 되면서 이제 부모의 책임은 가정에서 더욱 확장된다.

아이가 학교에 입학하면 만나게 되는 새로운 환경 중 한 곳이 바로 교실이다. 교실에서 아이는 원만한 생활을 할 수도, 그렇지 못할 수도 있다. 예를 들어 학교에서 선생님과 불화가 생기거나 불량한 또래 집단에 휘말릴 수도 있다. 이런 새로운 환경에서 어떤 경험을 겪을지는 아이 자신의 결정뿐 아니라 다른 사람들의 말과 행동에 따라서도 좌우된다.

항공기관사로서 부모는 이와 같은 여러 환경이 아동의 발달에 얼마나 큰 영향을 미칠지를 의식하면서 관계된 어른들과 협력을 통해, 또는 필요할 경우엔 부모로서 권한을 요구함으로써 자녀의 경험을 관리해준다.

항공기관사 역할의 부모는 특히 학교 환경을 주시하면서 지속적으로 다음의 세 가지를 중요하게 살핀다.

- 자녀의 능력과 수준에 가장 잘 맞는 수업을 받게 해주기
- 자녀를 존중해주기
- 양질의 교육을 받게 해주기

마스터 부모는 자녀의 교육 환경을 주의 깊게 살피면서 뭔가 문제가 생긴 것을 알게 되면 상황을 수습하고 바로잡기 위해 개입하기도 한다.

점검하기 : 아이에게 문제는 없는가?

밥 시니어는 5년 동안 뛰어난 조기학습 파트너 역할을 수행하며 함께 레고 놀이를 해주고, 책을 읽어주며, 노래와 문제 해결 기술을 가르쳐주었다. 하지만 롭이 다섯 살이 되자 밥 시니어와 그의 아내는 롭의 학업 성취를 원활히 이어가기 위해선 다른 성인들과 협력해야 한다고 판단했다.

밥 시니어는 문득 자신만 자신의 아이들을 특별하고 똑똑하게 여기는 것이 아닐까 걱정스러웠다. 직업이 교사이다 보니 학교에서 그런 부모들을 종종 봐오기도 했다.

더욱이 롭이 유치원에 들어간 후 받은 첫 번째 피드백은 당혹스

러웠다. 교사는 이렇게 말해주었다. "엉덩이에 풀이라도 바르든가 무슨 수를 써야 할 판이에요! 애가 가만히 앉아 있질 못해요." 또 다른 교사는 아이가 너무 시끄럽다며 교실에서 떠드는 소리가 운동장에서도 들릴 정도라고 했다.

다른 사람이었다면 이런 상황에서 롭이나 교사에게 화를 냈을지 모른다. 교사의 판단에 따라 당장 아이의 행동을 고치려 했을 수도 있다. 하지만 밥은 그러지 않았다. 찬찬히 살펴보고 관찰하면서 섣불리 결론짓지 않았다.

마스터 부모를 비롯해 모든 부모는 자녀가 유치원이나 학교에 다니기 시작하면서 갑자기 맡게 되는 복잡 미묘한 감독 역할에 처음부터 훈련되어 있지 못하다. 하지만 마스터 부모는 이내 자녀에게 충분한 주의를 기울여 문제점이 무엇인지 파악하며 강단 있게 해결책을 요구한다. 분별력을 바탕으로 자녀의 삶에 관여하는 사람들, 그중에서도 특히 교사에게 무엇을 요구해야 할지 파악한다. 자녀의 행동과 반응을 놓치지 않고 살피면서 자녀와 꾸준히 소통하는 한편, 교사들과 격식 없는 상담을 나누기도 한다. 항공기관사 역할의 마스터 부모는 뭔가가 잘못된 것 같으면 상황을 파악하고 분석하여 상황을 개선시키기 위해 행동한다.

밥 시니어는 교사들의 말뜻을 알아차렸다. 롭이 다른 유치원생들보다 사회생활에 미숙하다는 점을 문제 삼고 있었다.

밥 시니어가 눈치챈 또 다른 문제도 있었다. 롭은 다른 남자애들보다 체격이 작았다. 그래서인지 다른 아이들과 잘 어울리지 못했다. "아들이 다른 아이들 사이에 끼지 못하는 걸 알았지만 저로선 딱히 해결책이 없었어요."

해결책 찾기 : 부모로서 할 수 있는 최선의 선택은?

그때부터 밥은 여기저기 물어보고 다녔는데 그러던 중 한 여교사가 자신의 아들도 나이에 비해 미숙해 보였다며 그 아들에게 적용한 방법을 권해주었다. 그녀는 아들이 학교에 입학할 시기가 되었을 때 입학을 1년 미루었다가 유치원-1학년 통합 과정을 받게 했다. 이 과정은 또래와의 사회적 격차를 따라잡게 해주려는 의도로 마련된 유치원과 1학년의 중간 과정이었다.

이처럼 다른 아이들보다 살짝 어린 자녀의 입학을 미루는 것을 '레드셔팅(redshirting)'이라고 부르는데, 대학 스포츠팀에서 유망한 신입생 선수들을 경기에 출전시키지 않고 선수자격을 1년 더 연장시키기 위해 벤치에 앉혀두는 관습에서 따온 명칭이다. 자료에 따르면 미국의 유치원 입학 대상자 가운데 3.5~5.5퍼센트가 레드셔팅을 하는 것으로 추산되고 있으며, 그중 대다수가 롭 같은 백인 남자아이들이다.

브루킹스 연구소 소속의 경제학자 마이클 핸스는 레드셔팅의 유용성을 알아보고자 2016년에 이 주제와 관련한 모든 자료를 찾아 검토해봤다. 검토 결과는 복합적이었다. 핸스에 따르면 "한마디로 말해, 자녀의 레드셔팅이 장기적으로 교육상의 이점을 가져다준다고 여길 만한 근거는 없다. 초등학교 저학년일 때는 레드셔팅으로 학급에서 상위권에 들 가능성도 있지만 학급에서 가장 나이가 많다는 것 자체가 이점이 되는 것 같지는 않다."

하지만 입학을 미뤄서 롭이 자신과 체격이 비슷한 아이들과 어울리며 성장하게 해준 밥의 판단은 확실히 옳았던 것 같다. 롭이 들어간 K-1 학급에서 22명 중 18명이 남자애들이었는데 롭은 학창생활 내내 바로 이들과 같은 학급에서 공부했다. 이들은 함께 어울리며 학업에서뿐만 아니라 운동에서도 우수한 실력을 펼쳤고 서로에게 좋은 친구이자 경쟁자가 되었다.

롭은 과거를 되돌아볼 때면 당시에 아버지가 아주 기민한 결정을 내렸다고 생각했다. 롭이 K-1 과정을 마친 후 1학년에 들어갔을 때 밥 시니어는 다시 한 번 아들의 진전 상태를 확인하고 싶었다. 그래서 당시 롭의 담임교사인 메리 버를 찾아가 물었다. "아이가 수업을 잘 따라가나요?"

롭은 학업에서 다른 아이들과는 비길 수 없을 만한 수준에 올라 있었다. 새로운 환경인 교실과 운동장에 잘 적응하며 동급생들을 크게 앞질렀다. 그 이유에는 초반 선두 효과도 있었을 테지만, 사회적 성숙을 위해 1년의 시간을 가졌던 것이야말로 다방면으로 뛰어난 학생이 되는 가장 효과적인 계기였다.

항공기관사 역할의 부모는 자녀나, 자녀를 가르치고 감독하는 성인들과의 대화에 노련하다. 상황을 확실히 파악한 다음 의도치 않은 부작용을 피하기 위해 신중하게 행동에 들어간다. 반사적이고 일차원적으로 대응하거나 교사와의 소통이 겁나 순순히 지시에 따르는 것이 아니라, 맡은 과제를 수행하며 아이의 학교생활 문제에 당차게 대처한다. 그에 따라 교육자의 동의를 이끌어내어 아이를 위해 바랐던 바를 실현시키는 편이다. 하지만 때로는 원하는 바를 직접적으로 요구해야 하는 경우도 있다.

권한 주장하기 :
"선생님, 우리 아이의 의견을 존중해주세요"

린과 클래런스 뉴섬 부부는 아프리카계 미국인으로 두 딸을 잘 키워냈다. 큰딸 지나는 현재 정신과 의사이고, 작은딸 브리는 사회운동가이자 작가이며 또 영화감독으로도 활동 중이다.

린과 클래런스는 둘 다 교육자로 자라나는 딸들에게 민족의식을 심어주길 바랐지만, 이는 호의적인 컬럼비아에서도 생각만큼 쉬운 일이 아니었다. 친구와 이웃들이 대부분 백인이었고, 딸들이 다니는 학교에도 흑인은 몇 명 되지 않았다. 아무리 찾아봐도 아프리카계 미국인 아이가 등장하는 책이 한 권도 없자, 린은 책에 실린 인물들의 피부색을 갈색으로 색칠해놓기도 하고 여자애들의 머리에 아프리카계 사람들의 특징인 아프로헤어의 곱슬머리를 그려 넣기도 했다.

그러던 어느 날 1학년이던 지나가 집에 돌아와 수업 시간에 벙어리처럼 한마디도 못했다고 울먹였다. 린과 클래런스는 딸과 비슷한 외모의 학생 중에 문제아가 많아 딸이 피해를 본 모양이라고 넘겨짚었다.

하지만 지나에게 자초지종을 들어보니 그게 아니었다. 지나는 수업시간에 항상 손을 드는데 선생님이 한 번도 자기 이름을 불러준 적이 없다는 것이다. 더군다나 그 선생님은 지나가 시험에서 몇 개 안 되는 문제를 틀릴 때마다 시험지를 찡그린 표정으로 들여다보는 모양이었다. 지나의 전반적 학업 실력이 뛰어난 편인데도 말이다.

그것은 린과 클래런스에게 용납할 수 없는 일이었다. 찡그린 표정은 지나에게 상처를 주고 있었다. 이미 자신이 부당한 대우를 받고 있다고 느끼는 와중이라 더 치명적이었다. 부부는 지나의 담임교사를 찾아가 앞으로는 절대 찡그린 표정을 짓지 말아 달라고 단호하게 말했다. 지나의 점수가 몇 점이 나오든 그 규칙을 어기지 말아 달라고 요구했다. 교사는 마지못해 동의했다. 그런데 그 이듬해에 바로 그 교사가 지나를 우수 학생으로 뽑으면서 가족 모두에게 흐뭇함을 안겨주었다.

어떤 사람들은 린 뉴섬이 담임교사에게 보인 단호한 행동에 동의하지 않을지 모른다. 하지만 린은 충분히 현명하고 세심한 대응으로 교사가 지나에게 행한 부당한 대우를 바로잡았다.

교사들을 무조건적으로 따라야 할 권위자로 여기는 부모들이 더러 있지만 마스터 부모는 그러지 않는다. 항공기관사의 임무는 비행 중의 기내 시스템을 모두 파악하고 있는 것이다. 마찬가지로 마스터 부모는 자녀의 미묘한 부분까지 세심하게 파악하여 자녀에 관한 문제에서 최선의 방법을 이끌어내고자 한다. 이들은 이러한 역할이 집 안에서나 집 밖에서 최고의 권위자로 자부하기 위한 자질임을 잘 알고 있다.

문제 행동의 진단 :
"아이가 학습의욕을 충분히 못 받고 있어요."

미국 외교관 데이비드 마르티네스의 부모는 자신들의 장남이 학습 속도가 매우 빠르며, 아는 것을 말하지 않고는 못 견디는 아이라는 것을 잘 알았다. 하지만 아들의 유치원 교사에게 데이비드는 통제 불능의 아이였다.

데이비드는 그 시절을 떠올리며 선생님이 반 아이들에게 문제를 냈을 때 얘기를 들려주었다. "전 재빨리 손을 들었어요. 답을 가장 먼저 말하고 싶었거든요. 가끔은 답답한 마음에 선생님이 지목하기도 전에 그냥 답을 불쑥 말해버렸다가, 수업 진행이 끊기거나 따로 격리되기도 했죠."

데이비드의 어머니 로우는 기민한 항공기관사답게 이러한 상황에서 데이비드를 구제해주기 위해 나섰다. "저는 툭하면 교실 구석에서 혼자 수학 문제를 풀었어요. 어머닌 그 사실을 알고 불같이 화를 내셨어요. 그런 일이 거의 날마다 반복되었기 때문이죠. 어떤 때는 놀이시간에도 친구들과 어울리지 못하고 칸막이 뒤에 혼자 있기도 했고요."

데이비드는 어머니가 선생님과 만난 날을 이렇게 회고했다. "그때 어머닌 이렇게 말씀하셨어요. '선생님은 데이비드의 학습의욕을 자극해주지 못하고 계세요. 아이에게 필요한 걸 해주지 않고 계신다고요.' 학교 당국에 문제를 제기하기도 하셨죠." 결국 로우의 문제 제기로 상황 파악을 위한 조사가 시작되었다. 학교 측 조사에 따르면 데이비드의 학업 진도가 너무 앞서 있는 것이 문제의 근원이었다. 그에 따른 해결책으로, 데이비드는 유치원 과정 말에 2학년으로 월반되었다.

"저는 그 반에서 통제 불능의 학생이었기에 선생님도 힘드셨을 거예요." 데이비드도 이 부분은 인정했다. 다만, 교사는 그 문제를 행동의 문제로 인식했지만 로우는 격려의 문제라고 인식했다. "그때 전 집에서 익숙하게 받아왔던 자극을 못 받고 있었어요. 제 학업 수준이 당시 수업 속도나 내용을 넘어서는 단계에 있었으니 그럴 수밖에요. 어머닌 이러셨어요. '아니에요, 선생님은 아이에게 충분한 관심을 기울여주지 않고 계세요. 문제는 환경이지 데이비드가 아니에요.' 당연한 얘기겠지만 2학년으로 월반한 뒤로 꾸준히 좋은 성적을 받았고 행동도 개선되었어요. 이전보다 높은 수준에서 공부하게 된 덕분이었죠."

그렇다고 데이비드의 부모가 아들이 잘못을 했을 때도 그를 두 둔해준 것은 아니었다.

"3학년 때였어요. 수업 시간에 대리 교사가 들어왔는데 처음엔 모두 일어나라더니 나중엔 또 다 앉으라고 그러는 거예요. 그래서 제가 '저기요, 선생님. 이랬다저랬다 그만하시고 확실히 정해주세요!'라고 말했다가 벌로 방과후에 학교에 남아 있어야 했고, 그 일 이 가정알림문으로 부모님에게 전해졌어요. 아버진 가정알림문에 서명한 후에 '필요하다면 언제든 데이비드의 행실을 고쳐주세요' 라고 쓰셨죠. '우리 아이가 잘못하지 않았다'거나 '그 일은 오해입 니다'라는 식의 두둔이 아니라 '데이비드가 잘못을 할 경우 적절하 게 혼내주시면 앞으론 그러지 않을 겁니다'라는 취지의 얘길 써 보 내신 셈이죠.

부모님이 절 두둔하며 지지해주지 않았을 때 저는 화를 내거나 엇나갈 수도 있었어요. '뭐가 이래, 부모님은 날 사랑하지 않아.' 이런 생각을 했을 수도 있죠. 하지만 전 그러지 않았어요. 왜냐고 요? 전 아주 어릴 때부터 부모님께서 저를 지지해주는 마음과 애 정을 확실히 느꼈기 때문이에요. 그렇다고 해서 혼났을 때 아무렇 지도 않았던 건 아니었어요. 꾸지람이나 잔소리를 들으면 속상하 긴 했어요."

3학년이 되면 스스로 공부해야 한다

우리가 만나본 성공한 사람들은 거의 대부분 8~10세에 이르면서부터 자율학습을 했다. 이때부터는 항공기관사 부모가 나서서 학업을 검토해주거나, 시간과 일정을 관리해주거나, 관심을 두는 활동에서 실력을 쌓게 도와줄 필요가 웬만해선 없었다. 한마디로 말해 3학년 무렵부터 자동조종 모드에 들어갔던 셈이다.

조종사가 항공기의 방향을 잡아 지침계를 설정해놓은 후 조정장치에서 손을 떼는 것처럼 마스터 부모들은 일찍 자녀의 호기심과 학업 능력을 키워주고 확실한 규칙을 통해 습관을 잡아주어서 나중엔 부모로서 감독할 필요가 줄어든다. 그렇다고 해서 감독을 아예 그만두는 것은 아니다. 조종사가 자동조종 중에도 여전히 항공기를 모니터하는 것처럼 마스터 부모도 감독을 멈추는 것이 아니라 자녀가 허용 가능한 경계선을 넘어서지 않는 한 스스로 선택하도록 두는 것이다.

보통의 아이들은 자동조정 모드 단계에 이르는 데 훨씬 더 오랜 시간이 걸린다. 부모가 지속적으로 살펴주며 무엇을 해야 할지 알려주지 않아도 되는 이 단계가 고등학교 진학이나, 심지어 대학 진학 무렵까지 미뤄지는 경우도 있다. 평생 동안 그 단계에 이르지 못하는 아이들도 더러 있다.

2017년에 독일의 아동 1,700명을 대상으로 진행된 연구에 따르면 자동조종 모드의 아이들은 또래보다 더 많이, 더 빨리 배운다. 연구진은 3학년과 4학년 아동의 자립심을 화두로 수백 명의 부모와 인터뷰를 나누며 자발적 행동과 끈기, 진취성, 주체적 의사결정성 등의 네 가지 기준에서 자녀의 점수를 매겨달라고 부탁했다. 이 인터뷰를 바탕으로 연구한 결과 이러한 '자기주도성'에서 점수가 높게 나온 아이들이 5학년이나 6학년에 올라갔을 때 독해력 등의 재능에서 또래보다 앞서는 것으로 나타났다.

우리가 조사한 사람들은 최선을 다하지 않았던 때가 별로 없었다. 그것은 부모나 다른 어른들의 격려가 없어도 마찬가지였다. 부모가 불어넣어준 학구열 덕분에 어려운 학업을 스포츠나 과외 활동 못지않게 즐겼다. 또 한편으론 학업에 아주 진지하게 임했는데 부모가 직장에서 일을 하는 것처럼 학업을 자신의 책무로 여겼다. 인터뷰를 진행한 사람들 중에서도 특히 하버드대학교 학생들이 "전 늘 제 할 일을 했어요"라는 말을 하며 학업을 '할 일'로 언급하는 경우가 많았다.

우리와 인터뷰를 나눈 성공한 사람들은 학교나 부모가 권하는 것 외의 학습 기회를 스스로 찾기도 했다. 8~9세 때부터 탐구할 주제나 마스터할 기술을 스스로 선택하기 시작했다. 대다수 부모는 자녀에게 학업 외 관심사를 찾게 하려면 옆에서 다그쳐야만 한다. 반면에 마스터 부모는 어떤 관심거리를 처음 접하게 해줄 수는 있지만, 대개는 자동조종 모드 중인 자녀가 자율적으로 선택한 취미를 격려해주면 그만이다. 관심 활동을 격려해주면서 너무 밤늦게까지 매달리면 그만 자도록 달래면서 필요할 경우엔 항공기관사로서 속도 조절을 해준다.

끼어들 때와 끼어들지 말 때를 구분하기 :
"이번엔 네가 선생님께 직접 말씀드려봐"

에스더 보이치키는 세 딸이 학교에 들어갈 나이가 될 때마다 항공기관사 역할을 맡아 아이들이 학습 진도가 얼마나 나갔고, 학업 스케줄을 얼마나 잘 지키며, 전반적인 상황이 어떤지를 그때그때 놓치지 않고 살폈다. 다만 자신도 교사 생활을 해봤던 터라 학교 문제에서는 교사와 딸들을 믿고 지켜보기로 했다. 딸들에게 이미 자립심을 길러준 상태여서 그래도 될 것 같았다. 그래서 교사와 문제가 생겨도 직접 교사를 찾아가지 않고 딸들에게 코치를 해주는 식으로 거리를 두고 챙겨주려 애썼다.

"딸들은 선생님과 사이가 원만치 못하면 저에게 와서 심정을 토로했어요. 어떤 과목의 지도 수준이 부실하다는 생각이 들 때도 마찬가지였죠. 그러면 전 그 선생님이나 수업에 어떤 식으로 대처하면 좋을지 조언해주었어요. 딸의 친구들도 저에게 와서 조언을 많이 구했어요. 수업 시간에 선생님의 가르침이 이해가 잘 안 된다면서 도움을 받고 싶어 했죠. 전 실력 없는 선생님이 있을 수도 있지만 그렇다고 수업을 안 들을 수도 없는 노릇이니 잘 대처하며 해결 방법을 찾아야 한다고 얘기해줬어요. 그것이 인생이라고요."

하지만 에스더는 상황에 따라 때때로 직접 끼어들기도 했다. 딸들의 고등학교 작문 수업이 형편없는 수준이라는 것을 알았을 때도 그랬다. 알고 보니 학교에서는 대입 준비에 필요한 내용을 가르치지 않고 있었다. 전문 교육을 받은 저널리스트였던 그녀는 안 되겠다 싶은 마음에 끼어들기로 작정하고, 자원해서 방과후 작문 수업을 지도했다. "그 수업에는 우리 딸들 말고도 25명의 다른 아이들도 들어왔어요. 막상 해보니 아이들을 가르치는 게 재미있더라고요. 전 아이들에게 글 쓰는 요령을 꼼꼼히 가르쳐줬어요."

항공기에 항공기관사가 없다면 어떻게 될까? 모든 시스템이 제대로 잘 작동된다면 별 문제 없을 것이다. 하지만 기계 시스템이 고장 나거나 승무원 중 누군가가 일할 수 없는 상태가 되면 참사가 일어날 위험이 생긴다.

대다수 교육자는 자신이 맡은 아이들을 잘 이끌어주기 위해 최선을 다하지만, 아이가 예상치 못한 행동을 하거나 뜻밖의 상황이 발생하는 경우 교육자의 노력만으론 부족할 때가 많다.

이번 장에서 소개한 자녀들에게 항공기관사 역할자가 없었다면 어떠했을까? 롭은 성숙하지 못한 상태에서 학교에 입학했을 것이고, 지나는 자신이 멍청하다는 생각을 떨치지 못했을 테고, 에스더의 딸들과 동급생들은 작문 기술을 익힐 기회를 얻지 못했을 것이다. 오바마 부부의 딸들도 딸들과 담임교사 모두에게 책임 의식을 심어준 부모 덕분에 혹시 일어났을지도 모를 불상사를 피했을 수 있다.

Chapter 7

똑똑한 형제는 어떻게 자라는가?

　매일 밤마다 잠들기 직전의 고요한 순간이 오면 로니의 마음은 클리블랜드의 고향을 떠돌았다. 그는 코넬대학교 신입생 기숙사의 아늑한 침대에 누워 18개월 차이밖에 안 나는 남동생 대럴을 생각했다. 마약을 팔다가 집에서 쫓겨나 길거리를 전전하며 살아가는 동생을 생각하면 마음이 뒤숭숭했다.

　로니는 당시의 심정을 이렇게 말했다. "그때 저는 아이비리그 대학에 막 첫발을 내디디던 때였어요. 밝은 미래가 기다리고 있고 세상이 다 내 것 같은 기분이었죠. 새로운 친구들은 동질감이 느껴져서 편했어요. 다들 똑똑한 데다 자신만만함이 보였죠. 신나는 파티가 열렸고 마냥 들뜬 기분이었어요. 단, 대럴을 생각하지 않을 때의 얘기였죠."

이 책의 중심 주제는 '대성공한 인물을 키워낸 부모들의 교육 비결'에 대한 의문을 푸는 것이다. 하지만 이 의문에는 또 다른 의문이 꼬리를 문다. 형제들 간의 차이는 어떻게 설명해야 할까? 정말 부모의 교육에 따라 성공의 차이가 생기는 것이라면, 두 형제가 같은 집에서 자랐는데 한 명이 다른 한 명보다 훨씬 뛰어난 경우는 어떻게 설명해야 할까? 형제가 있는 사람이라면 이 의문은 그저 학문적 관심사가 아니다. 개인의 정체성에 깊숙이 맞닿은 존재론적 의문이다. 실제로 이 책을 위해 인터뷰한 200명 가운데 상당수가 자신만큼이나 똑똑하지만 자신만큼 성공하지 못한 형제 얘기를 했다.

5형제가 모두 다르게 자란 이유

이 문제는 로니가 평생 동안 생각한 문제이기도 하다. 로니는 어린 나이일 때부터 5형제 사이에 일어났던 양육 방식의 차이에 대해서 생각해왔다. 그의 부모가 키운 5형제 가운데 한 아들은 자라서 세계적 명문대에 진학해 교수까지 되었고, 또 한 아들은 의사가 되었고, 또 다른 아들은 가라테 미국 대표팀에 뽑혀 세계 대회에서 수차례 챔피언에 올랐다. 하지만 나머지 두 아들은 알코올중독, 마약, 잦은 생활고로 힘든 삶을 살고 있다. 이 결과에 양육과 가족구

성원 간의 상호작용은 어떤 영향을 미친 것일까?

5형제 중 넷째이고 대럴처럼 마약 문제로 애를 먹는 호머는 이 질문에 한 가지 답을 내놓았다. "로니 형은 무언가를 가르쳐주면 주의 깊게 들었어요. 전 아니었죠. 건성으로 들었어요. 또 형은 책을 열심히 보며 조언을 얻었죠." 호머의 말은 우리가 만나본 몇몇의 얘기를 연상시켰다. 그들 역시 자신만큼 성공하지 못한 형제들이 주의 깊게 노력하지 않았던 점을 지목했다.

그렇다면 이러한 수용력과 노력의 차이를 유발하는 근원은 무엇일까? 단지 성격의 문제일까?

로니, 대럴, 호머, 케니, 스티비는 대가족 속에서 자라며 어머니, 아버지, 할아버지 존, 할머니 나나의 영향을 골고루 받았다. 훗날 의사가 된 스티비는 그런 가정 환경을 이렇게 표현했다. "보살펴주는 부모님이 네 분이나 계셨으니 전 행운아였죠."

형제의 젊은 어머니는 애정 많은 주부였고 응석을 잘 받아주는 편이었다. 아버지는 하청업으로 가옥 도장 일을 하며 장시간 일했는데, 아들들을 자주 안아주며 예뻐했지만 어머니보단 훈육에 엄격한 편이었다. 잘못하거나 규칙을 어기면 부드러운 말로 타이르며 넘어가는 법이 없었다. "가서 회초리 가져와." 이런 호통이 날아오기 일쑤였다. 학교 문제에 관한 한 어머니와 아버지 모두 성적보다 행실을 중요시했고, 할아버지 존이 참여하는 경우에도 학업과 관련된 얘기나 압박은 그다지 없었다.

[로니와 할머니 나나]

할머니 나나는 좀 특별했다. 몸이 약한 형제의 어머니가 대럴을 임신했을 때 나나는 장남인 한 살배기 로니를 맡아 키워주었다. 특수교육 교사였던 나나는 지도력이 굉장히 뛰어났는데, 이를 증명하듯 90세 생일 파티에 많은 제자가 참석해 감사를 표했다.

나나가 로니에게 쏟은 시간은 그만한 보람이 있었다. 이 책에서 소개하는 다른 인물들과 마찬가지로 로니도 유치원과 1학년 때 초반 선두 효과를 누렸다. 동급생들보다 더 많이 알고 더 잘해서 그때부터 반에서 가장 우수한 학생이라는 자부심을 갖게 되었다.

"할머니는 매순간 가르침을 주셨어요. 우리 형제 모두에게 그러셨죠."

그렇다면 로니가 다른 형제들보다 학습열이 더 뜨거웠던 이유는 뭘까?

로니가 태어나서 서너 살까지의 시간이 그러한 차이를 결정했다고 생각한다. "할머니와 단둘이 시간을 보낼 때면 할머니는 항상 생각할 거리를 주셨어요." 일찌감치 지적 자극을 받아온 아이에게 세상은 누군가 전등 스위치를 켜놓거나 조명을 비춰놓은 공간처럼 보인다. 불빛이 환하게 밝혀진 세상 속에서 깨달음을 얻은 아이는 세상을 속속들이 습득하기 위해 탐색을 벌인다.

"초등학교에 입학하고 얼마간은 블록을 쌓고 볼트와 너트가 거의 없는 이렉터 세트를 조립하면서 혼자 보내는 시간이 많았어요. 2학년에 올라간 여름에는 독서에 푹 빠졌어요. 그 여름에 그늘진

구석에 앉아 읽었던 여덟 권 분량의 책이 아직도 기억나요. 아마 주간지 《위클리 리더》에 실린 광고를 보고 어머니에게 사달라고 졸라서 받은 책일 거예요. 저는 도서관에도 자주 갔어요. 책을 열심히 읽었던 건 어른들의 권유 때문은 아니었어요. 그보다는 할머니로부터 어릴 적에 받은 지적 자극이 독서에 대한 목마름을 키워준 거였어요."

2학년 이후 로니는 지역 문화센터에서 미술과 현대무용 수업을 받았다. 4학년 땐 개인 레슨으로 클라리넷을 배워 교내 밴드와 오케스트라에서 연주도 했다. 어머니와 나나는 매 공연과 발표회에 참석해 든든한 응원군이 되어주었다. 로니는 관중석에 있는 두 사람을 보며 더 열심히 해서 실력을 키워야겠다고 생각했다.

일찍부터 지적 자극을 받은 아이들은 그렇지 않은 아이들보다 배움에 더 목마르다. 하지만 아무리 그렇더라도 수용력이라는 까다로운 변수가 있다. 부모가 블록 쌓기를 가져오거나 책을 읽어주면서 관심을 유도해주면 어떤 아이는 금세 흥미를 보이는 반면, 어떤 아이는 별 흥미를 보이지 않는다.

마스터 부모는 이러한 순간에 아이의 반응에 맞춰주며 긴 안목으로 상황을 바라본다. 모든 아이는 저마다의 속도로 발전한다는 사실을 받아들이며 이후에 다시 시도하거나 유도하는 방식을 바꿔본다. 예를 들어 블록 대신 점토 놀이를 활용하거나 책을 보는 대신 산책을 데려나가는 식이다. 이때 중요한 것은 부모가 이런저런 학습 기회를 마련해주는 것이다. 부모와 아이가 함께하는 학습

이 많을수록 아이의 학습 수용력이 높아질 가능성도 늘어난다.

[로니를 따랐던 케니]

자라서 가라테 전미대회 챔피언에 오르고 사업가로도 성공을 거둔 로니의 형제 케니는 얼핏 보면 순탄한 가정 환경에서 자란 것처럼 보인다. 하지만 취학 전의 대여섯 살 무렵 집안의 분위기는 소란스러웠고 조용한 성격의 케니는 곧잘 우울해했다.

이러한 환경으로 미루어 생각하면 케니가 이 시절에 상당히 애를 먹었을 만하다. 하지만 두 블록 떨어진 거리에서 살았던 조부모를 둔 덕분에 여러 행운을 누렸다. 케니는 조부모를 주말마다 찾아갔고 조부모는 케니에게 집에서는 받지 못한 관심을 부어주었다. "할머니 집에 가면 제가 특별한 존재가 된 기분이었어요." 조부모가 쏟아준 관심은 케니에게 자신감을 불어넣어 주었을 뿐만 아니라 훗날 자신을 드러내는 위치에 서도록 해주었다. 조부모가 케니와 일대일로 교감해주었던 그 시간은, 전문가들이 성공의 중요한 토대로 지목하는 정서적 안정과 수행력을 북돋아주었다.

케니는 로니처럼 할머니에게 학습의 기본을 배우지는 못했지만 로니를 최대한 따르려고 노력했다. 열한 살 때부터는 4년 동안 로니가 했던 조간신문 배달을 척척 잘해냈고, 할아버지의 카펫 청소 일도 도와드렸다. 열여섯 살 때는 다른 형제들처럼 레스토랑에서 주차 아르바이트도 했다.

케니가 켄트주립대학교에 들어간 주된 이유는 로니가 대학에 진학했기 때문이다. 그리고 바로 이 대학에서 가라테를 권유받았다. 그 뒤로 4학년 때 가라테 국가대표팀에 선발되어 이후 수년간 국가대표로 뛰며 전 세계를 돌아다녔고, 전미 챔피언에 오르기도 했다. 현재는 클리블랜드에서 유명 사업가로 활동 중이지만 한때 가라테 도장을 운영하며 연습생 수백 명을 지도했다.

[의사가 된 스티비]

가족 환경은 다섯째 아들 스티비에게도 중요하게 작용했다. 스티비가 태어났을 때 위로 네 명의 형들이 있는 상태였다. 말하자면 어머니로선 건사하기에 너무 버거운 수였다. 결국 나나가 양육의 짐을 덜어주기 위해 다시 한번 나서서 저녁 시간과 주말, 여름철 동안 스티비를 봐주었다. 당시에 로니는 아홉 살로 자동조종 모드에 들어서면서 나나와 예전만큼 많은 시간을 붙어 있지 않았다.

스티비와 이야기를 나누던 중 그는 나나가 입버릇처럼 해주던 얘기를 떠올렸다. "꿈을 크게 가지렴. 그러면 설령 꿈을 못 이루더라도 그 가까이에 다가서게 된단다." 스티비는 그 말을 새겨들었다가 다섯 살 때 의사가 되기로 결심했다. 미확진 난독증 탓에 스티비는 글을 읽는 속도가 더뎠지만 나나에게 받은 조기학습의 영향으로 의사의 꿈을 좇기에 충분한 기본기를 다졌다. 나나의 집에서 지내지 않을 때는 로니와 같은 방을 썼다. 형이 책상에 앉아 공부하던 모습이 아직도 인상 깊게 남아 있다고 한다.

형들에게는 고집쟁이라고 놀림을 받았지만 스티비 본인은 스스로를 주체 의식이 뚜렷한 사람이라고 자부했다. 의과대학에 진학할 때는 성적이 다소 부족했지만 자신의 소명 의식과 학업 계획을 누구보다 명확히 밝혀 합격할 수 있었다. 스티비는 현재 노스캐롤라이나주의 저소득층 시골 마을에서 의사로 일하고 있다.

[조력자가 없었던 대럴과 호머]

5형제 중 부모의 일반적인 관심 외에 학습에서의 일대일 관심을 받지 못한 사람은 호머뿐이었는데 이는 출생 순서 탓이 가장 컸다. 당시엔 나나가 아직 로니를 돌보는 데 많은 시간을 할애하고 있었고, 열두 명 이상의 여제자들에게 멘토 역할까지 해주느라 바빴다. 할아버지도 이미 다른 형제들의 차지가 되어 있었다. 그런데다 막내 스티비가 태어나 관심을 독차지하면서 호머는 찬밥 신세가 되고 말았다.

결국 호머는 조기 발달상의 관심을 덜 받으며 자랐다. 이러한 관심을 일부 전문가들은 수행력 발달의 토대로 지목하는데, 수행력은 목표의 성취를 위한 행동 조절 능력과 연관된 중요한 자질이다. 호머는 어린 시절 어른의 주의 깊은 감독 아래에서 자신의 의지를 끝까지 이행해내는 연습을 별로 하지 못했고, 그 바람에 자기관리 능력을 제대로 키우지 못한 듯하다. 게다가 그 자신도 시인한 것처럼, 10대 시절엔 어른의 말을 잘 듣지 않는 기질마저 생겼다.

아주 일찌감치 마스터 부모의 지도에 호응하며 높은 성취를 이루는 아이는 주체 의식과 끈기를 키우게 된다. 오랜 시간에 걸쳐 자기주도적 바이올린 연습을 했던 매기 영과 열네 살의 나이에 자신이 직접 찾아낸 고등학교에 지원해 4년 과정 동안 장학금을 탄 산구 델레가 좋은 사례다.

대럴이나 호머는 미래에 대해 확실하고 생산적인 비전을 세우도록 전력을 기울여주는 어른이 없는 상태에서 비교적 단기간의 목표를 스스로 세워나갔다. 학창 시절엔 둘 다 잘생기고 사교적이어서 이성에게 호감을 끌면서 적어도 보통의 학생으로 지냈다. 하지만 둘 다 두각을 나타내거나 성공을 이루기 위한 방법으로서 학업에 관심을 두지는 않았다.

오히려 돈 벌기, 놀기, 멋 부리기, 운동으로 인기 끌기에 몰두했다. 특히 대럴이 생각하는 성공상은 폼 나게 차려입고 현금을 두둑하게 가지고 다니는 것이었다. 그것은 대럴과 많은 시간을 함께 보낸 할아버지 존이 가장 중요하게 생각한 가치이기도 했다.

대럴에게 영향을 미친 사람으로는 삼촌 빌도 있었다. 빌은 미국의 유명 묘기 농구팀인 할렘 글로브트로터스 멤버 출신이자 유명한 고등학교 농구팀 감독이기도 했다. 대럴과 호머 모두 프로 스포츠를(대럴은 농구를, 호머는 미식축구를) 명성과 부를 누리는 삶으로 데려다줄 티켓으로 점찍었다.

하지만 고등학교 2학년에 올라갈 무렵 둘 다 프로 선수로 선발될 만한 실력이 못 된다는 엄연한 현실에 부닥치게 되었다. 그래서 별다른 목적 의식 없이 고등학생 시절을 재미와 인기를 좇으며 보내고 말았다.

하버드대 교수와 그 동생

케니와 스티비는 둘 다 큰형 로니를 우러러봤고 자라는 동안 선택의 순간에 로니의 영향을 받았다. 하지만 대럴과 호머는 로니의 성공과 관련해서 그다지 긍정적인 관계를 맺지 못했다.

손위 형제는 손아래 형제에게 가장 효과적인 롤 모델이 되어준다. 손아래 형제는 대체로 손위 형제의 모범을 따르려 마음먹기 마련이다. 하지만 자신은 아무리 노력해도 따라가기 힘들다고 느끼면 관심과 목표의 방향을 다른 쪽으로 돌리기 쉽다. 예를 들어 앞에서 살펴본 산구, 롭, 개비 같은 인물은 동생들에게 학업 활동의 모델이 되었지만 때로는 동생들이 이룬 성취에 그늘이 되기도 했다.

대럴은 학교에 다닐 때 B등급의 성적을 받아왔고 A등급을 받은 적은 없었다. 다음은 로니의 말이다. "아주 어릴 때부터 저는 학교 공부에서 온갖 칭찬을 다 들었고 대럴은 집 청소를 정말 잘했어요. 특히 나나 할머니는 대럴에게 집 청소를 정말 잘한다며 입에 침이 마르게 칭찬해주셨어요. 당시에 대럴은 가족 내에서 자신의 존재를 부각시켜줄 만한 학교 공부 외의 다른 방법을 찾아야 했을 거예요. 아이들은 그런 식으로 가족 내의 역할을 맡게 되고 그러다 보면 일부 가정에서는 한 명의 자식만 주목받게 될 수도 있어요."

호머에게는 로니와 대럴 모두가 롤 모델이었다. 로니는 전통적 성공의 롤 모델이었지만 로니가 이루는 성취들은 호머로선 늘 힘에 부치기만 했다.

대럴은 카리스마 있고 잘생긴 학생이었다. 호머의 말마따나 '멋진 형'이었다. 호머는 두 형을 보며 감탄과 경외심을 느꼈다. "대럴형이 폼나는 옷을 입고 학교에 왔던 날이 지금도 생생해요. 대럴형은 유행에 앞서가는 멋쟁이였어요. 로니 형은 똑똑한 학생이었고요! 힘에 부쳐 낑낑댈 만큼 책을 잔뜩 들고 학교로 걸어가던 형의 모습이 기억나요. 말하자면 전 로니 형처럼 똑똑하고 대럴 형처럼 멋진 사람이 되고 싶었어요. 그러다 대럴 형이 마약을 하는 것까지 멋지고 근사해 보였어요."

호머가 따라 하기엔 로니보다는 대럴이 더 쉬운 롤 모델이었다.

이번엔 로니의 말이다. "10대 시절에 제가 호머와 대럴과 많은 시간을 보냈더라면 그 애들이 다른 선택을 했을지도 모른다는 생각을 자주 해요. 안타깝게도 두 동생이 정말로 엇나가고 말았을 때 저는 대학에 입학해 집을 떠난 뒤였죠."

사실, 로니는 이 책의 공저자인 로널드 퍼거슨으로 성인이 되어 하버드대학교의 경제학자이자 성취 분야 전문가가 되었다.

어느 날, 하버드대 사무실에 앉아 동료와 얘기를 나누던 중 그는 전화로 비보를 듣게 되었다. 대럴이 서른여덟 살의 나이에 알코올 중독으로 사망했다는 소식이었다.

"화가 났던 기억이 나요. '인생을 한심하게 낭비했다'는 생각 때문이죠." 하지만 얼마 후 그 분노는 슬픔으로 바뀌었고, 어린 시절에 자신이 주목을 독차지한 것이 대럴을 바람직한 인생길에서 이탈하게 내몬 것이 아닐까 하는 죄책감마저 밀려왔다.

우리 집 아이들은 서로 어떻게 다르지?

퍼거슨 형제들의 교훈적 이야기에서 우리가 주목한 부분은, 각 자녀가 부모와 조부모, 그리고 형제 사이에 가졌던 경험의 차이에 따라 사뭇 다른 다섯 개의 인생 궤적을 그리게 되었다는 것이다. 하지만 한 자녀의 발달 양상에 영향을 미치는 요소는 자녀에 따른 환경과 가족역동성의 변화뿐만이 아니다. 수용력을 다루며 살펴본 것처럼 자녀의 성격에 따라서도 차이가 생긴다.

이번 장에서 살펴본 가족들의 이야기에는 한 가지 공통점이 있다. 부모가 모든 자녀를 똑같이 사랑하면서 똑같은 양육 방식을 적용하더라도 실제로 모든 자녀를 똑같이 키우는 것은 아니라는 점이다. 모든 자녀를 똑같이 키우고 있다고 생각하는 부모라면 다음의 두 가지를 자문해봐야 한다. '우리 집 아이들은 서로 어떤 차이가 있지?', '한 아이에게는 효과가 있는데 다른 아이에게는 효과가 없는 경우는 뭐가 있지?'

여기에 답하다 보면 모든 자녀가 다 다르다는 사실을 상기하게 된다. 자녀들은 저마다 좋아하는 것과 싫어하는 것, 장점과 약점이 있어서 부모들은 무의식중에라도 각 자녀를 서로 다르게 대하게 되어 있다. 즉, 각 자녀를 개별적으로 대하게 된다.

교육자 겸 학습 코치 활동을 했던 조 브뤼제스는 모든 아이에게는 자신만의 맞춤형 성공법이 필요하며, 그것은 한 가정의 아이들에게도 마찬가지라고 설명했다. 브뤼제스는 3형제에게 7년에 걸쳐 조직 능력과 학습 능력을 미세하게 조정해준 경험을 소개해주었다. 형제의 부모는 세 아들 모두에게 학업 성적에서 상위권에 들어야 한다고 다그쳤지만, 형제들은 각자 자신만의 장점과 약점이 있었기 때문에 부모의 기대에 부응하는 데 저마다의 어려움이 있었다.

[경제적으로 성공한 첫째]

"첫째 아들은 우수한 학업 성적으로 프린스턴대학교에 들어갔어요. 축구 실력도 뛰어나 축구 선수로도 활동했고요."

첫째 아들이 당시에 받은 성적은 열심히 공부해서 얻은 결과였다. "고난이도의 내용을 대체로 잘 이해하는 편이었어요. 매일 밤 몇 시간씩 공부에 전념하는 근면성도 있었죠."

이 장남은 남들보다 앞서길 바라는 주변의 기대감을 의식했다. "그 집 부모는 첫째 아들을 어릴 때부터 강하게 압박했어요. 대학에서 중국어와 경제학을 전공한 첫째 아들은 현재 굴지의 기업에서 임원에 오를 만한 승진가도를 착착 밟아나가고 있지요."

근면성이 첫째 아들의 성공 비결이긴 했으나 브뤼제스에겐 떨쳐지지 않는 의문이 있었다. 아들에게 너무 부담스러운 기대를 지웠던 것은 아닐까, 하는 점이었다. "학교에서 A를 받아오는 것 외에는 선택의 여지가 없을 정도였죠."

경제적 성공이 유일한 척도라면 최종 결과에 대한 평가는 논의의 여지가 별로 없다. 그 결과가 아이비리그 명문대 입학과 경제적

전망이 탄탄한 유망 직장의 취업이라면 더욱더 그렇다. 브뤼제스의 말마따나 첫째 아들은 그러한 목표의 달성에는 성공했다.

하지만 자녀를 충만한 자아실현을 이루는 사람으로 키우는 것이 목표라면 첫째 아들의 성과는 단정 짓기가 힘들다. "현재 아들이 느끼는 행복이나 충족감이 어느 정도인지, 저는 잘 모릅니다. 이것을 중요한 문제로 여기는지도 잘 모르겠어요."

[높은 학업적 성취를 이룬 둘째]

둘째 아들은 첫째보다 두 살 어렸다. 얼마 전에 스탠퍼드대학교를 졸업한 후엔 대학원에서 신경학을 공부할 계획이다.

"둘째는 운동 실력이 남달랐고 기본적으로 학업적인 재능도 있었어요. 읽기와 글짓기 능력이 뛰어났고, 암기력이 좋아 사진을 찍은 듯이 정확히 기억했죠. '시험 공부는 어떻게 하니?' 제가 언젠가 물어봤더니 이러더군요. '그냥 필기한 노트를 두 번 정도 읽기만 하면 돼요.'"

둘째 아들은 훨씬 적은 노력으로 형만큼의 성적을 냈다. 하지만 성격이 너무 느긋해서 높은 성적을 기대하는 가정에서 자라지 않았다면 성공하기 힘들었을 것이다. "그 애는 높은 수준의 성취를 바라는 기대치가 없었다면 그만한 실력을 쌓지 못했을 겁니다."

[형제들과는 좀 다른 셋째]

브뤼제스는 자신이 보기에 막내아들이 셋 중 가장 영리했다고 한다. "중학생 때 셋째 아이는 함께 앉아 있으면 몇 분 동안 중세 시대의 전체 역사를 술술 읊으면서도 종이에 써보라고 하면 몇 주가 지나도 어떤 내용을 써야 할지 몰랐어요."

셋째의 학습 방법은 남달랐는데 학교에서는 이런 방법을 존중해 주지 않았다. "정말 어려운 문제가 뭐냐면, 현재의 교육 환경은 청각 학습 스타일에 더 잘 맞는 아이들, 그러니까 듣고 기억했다가 배운 내용을 말로 얘기하는 학습에 재능 있는 아이들의 성향을 맞춰주지 못한다는 점입니다."

셋째가 고등학교에 진학하자 마침내 부모는 셋째 아들이 형들처럼 세계적 명문 대학에 들어갈 학습 수준이 아니라는 결론을 내렸다. 그리고 그 일은 가족에게 새로운 깨달음을 주었다. 부모는 그제야 셋째 아들을 아이비리그 명문대에 들어갈 또 한 명의 아들이 아니라 독자적인 개인으로 바라보게 되었다.

"부모의 입에서 드디어 이런 말이 나왔어요. '저기요, 셋째는 다른 애들과는 달라요. 그 애가 형들과는 다르다는 사실을 이제부터라도 인정해주지 않으면 아이를 망치게 될 것 같아요.'"

결국 부모는 남은 고등학교 기간 동안 아이를 홈스쿨링으로 가르치기로 결정했다. 그 뒤에 셋째는 고등학교 졸업장을 획득한 후 간호대학에 들어갔다.

그렇다면 3형제의 부모는 마스터 부모였을까? 이 부모는 자녀에 대한 기대치가 높았고 똑똑한 자녀를 대하는 교육 방법을 확실하게 알고 있었다. 이는 의욕이 비교적 낮았던 둘째 아들이 성공 경로에서 벗어나지 않게 해준 열쇠였다. 하지만 자녀의 전인적인 모습을 바라보기보다는 학업적 성취에만 주력했고, 막내아들의 경우 개인적인 특성을 일찍 깨닫지 못하고 그에 따른 교육 전략을 조정하지 못함으로써 귀한 학습 시간을 헛되게 보내고 말았다.

모든 자녀에게는 저마다의 성공이 있다

유사한 사례를 하나 더 살펴보자. 이번에는 아이의 성적보다는 전인적인 발전에 비중을 두었던 덕분에, 세 형제가 각자 자신만의 성공 경로를 걷게 된 이야기다.

크로앨 남매는 브뤼제스가 코치했던 3형제와 다를 바 없이 모두 저마다의 방식대로 아주 영리하다. 셋 모두 똑같은 가정 환경에서 똑같은 책을 읽고 똑같은 놀이를 하며 성장했다. 하지만 3남매 중 한 명은 다른 형제들만큼 좋은 학업 성적을 내지 못했다.

엔에이카는 학교에서 B, C의 성적을 냈고 어쩌다 한번씩 D도 받아왔다. 밴쿠버에서 나고 자랐고 현재도 거주 중인 엔에이카는 성적을 별로 중요시하지 않았다고 한다.

하지만 다른 형제자매는 성적을 중요시했다. 현재 로스앤젤레스에서 활동 중이며 에미상을 수상한 시나리오 작가인 쌍둥이 자매 아이다는 올 A를 받으며 8학년을 건너뛰고 월반했다. 첫째인 오빠

엔가이는 국제공통 대학입학 자격제도인 국제바칼로레아를 치렀을 당시에 캐나다 전국에서 상위권 점수에 들었다.

[우등생 오빠와 쌍둥이 자매]

오빠 엔가이와 아이다는 둘 다 어린 시절에 영특한 지능으로 유명했다. 엔가이의 1학년 담임교사는 그가 수업을 지루해하는 것을 눈치채고 그의 학업 수준을 살펴보았다. 역시나 수학은 3, 4학년 수준이었고, 읽기는 7학년 수준이었다. "선생님은 교장 선생님에게 가서 보고했고, 두 사람은 학교위원회를 찾아가 저를 프랑스어 몰입 과정에 넣어 달라고 설득했어요. 3학년으로 월반시키기보다 또래보다 2년 빨리 프랑스어를 배우게 해준 거였죠."

부모는 유치원 입학을 앞둔 딸들이 엔가이처럼 수업을 지루해할까 봐 걱정되어 쌍둥이 자매도 프랑스어 몰입 수업에 등록시켰다. 자신들은 프랑스어를 할 줄 몰랐지만 그런 것은 개의치 않았다.

수업을 담당했던 여교사는 아이다가 벌써 프랑스어를 읽을 줄 아는 것을 보고는 믿을 수 없어 했다.

엔가이와 아이다는 학년이 올라가도 꾸준히 좋은 성적을 냈다. 아이다가 셋 중 가장 성적이 뛰어난 편이었는데 엔가이가 8학년 때 우등생이 되어야겠다고 작정한 뒤로 성적이 훌쩍 뛰었다. 그때부터 더 열심히 공부하더니 얼마 지나지 않아 고등학교에서 전교 상위권에 들었다.

아이다는 그런 오빠를 자랑스러워하며 오빠를 따라 하기로 결심했다.

반면에 엔에이카는 호머가 로니에 대해 그랬듯, 어떻게 해도 아이다만큼 잘할 수 없다고 느끼며 경쟁은 접기로 마음먹었다. "전저의 또 다른 분신을 만들었어요. 사회적 능력을 높이 평가하는 분신이었죠." 엔에이카는 오빠나 쌍둥이 자매처럼 높은 성적을 무기 삼는 것은 자신에게 맞지 않다고 믿었다.

아이다와 엔에이카의 차이는 타고난 재능의 문제였을까? "엔에이카는 저와 아주 비슷해요." 아이다는 이렇게 자신의 생각을 밝히며 그 근거를 덧붙였다. "6학년 때 어떤 선생님이 엔에이카에게 더 잘할 수 있는 재능이 엿보인다며 기대감을 불어넣어 준 적이 있는데, 그때 엔에이카는 A를 받았어요. 그 뒤로 선생님이 그런 기대를 걸어주지 않자 다시 C를 받더라고요. 선생님의 기대에 부응하고자 조금 더 노력했을 뿐인데 그렇게 성적이 오른 걸 보면 엔에이카에게는 충분히 소질이 있었던 거예요."

엔이에카는 어떻게 한 과목에서 갑자기 좋은 성적을 낼 수 있었던 걸까?

[배움에 대한 열린 태도]

답은 배움이 일상화되어 있던 크로앨 가족의 집에 있다. 어머니 이보네는 유아교육 교사 출신이며 아버지 제임스는 은퇴한 수학자로 둘 다 가이아나(남미 동북부의 공화국)에서 가난하게 자랐지만 집 안 곳곳에 컴퓨터, 책, 레고 블록을 비치해 훌륭한 학습 환경을 꾸며놓은 마스터 부모이자 뛰어난 조기학습 파트너였다.

제임스는 자녀들이 어렸을 때 자신이 일하던 사이먼프레이저대학교의 컴퓨터 연구실에 데려가 같이 시간을 보냈다. "아버진 일을 하시고 저흰 애플Ⅱ 컴퓨터로 게임을 했어요." 엔가이가 그때를 회고하며 말했다. 그리고 몇 년 후에 3남매는 가정용 컴퓨터를 누구보다도 먼저 갖게 되었다. 컴퓨터는 크로앨 가족의 3남매를 확실히 유리한 고지에 올려주었다. 특히 훗날 글쓰기와 컨설팅을 직업으로 갖게 되는 엔가이는 이 신기술에 완전히 빠져들었다.

이쯤에서 엔가이의 말을 들어보자. "저희는 아주 어릴 때 다양한 경험을 접했어요. 그것이 의도적이었거나 흥미로워서든, 아니면 아버지 자신의 호기심 때문이었든 간에 아버지는 저희에게 어디에서든 배움이 열려 있다는 생각을 심어주려 하셨어요. 주변을 둘러보면 곳곳에 배움의 기회가 있다는 것을요."

이번엔 아이다의 말이다. "저희 집에서는 학습 시간이라는 개념이 따로 없었어요. 배움이 그냥 집안 분위기에 자연스럽게 스며 있었어요. 산책을 나가면 아버진 빛 스펙트럼의 속성과 우리 눈에 보이는 것과 보이지 않는 것 같은 이런저런 얘길 들려주셨어요. 어머니와 아버지의 지도 덕분에 저흰 학교에서 배우는 것보다 훨씬 앞서서 지식을 익혔죠."

제임스가 어릴 때 그의 아버지는 일요일 밤마다 자신과 형제자매들을 불러 모아 하고 싶은 얘기를 주고받는 토론 시간을 가졌다. 그런 토론 시간을 여러 번 보내면서 제임스가 눈여겨보니 엔에이카가 말을 가장 많이 했다. "엔에이카는 대부분 먼저 나서서 이야기를 끌어가고 가장 많은 의견을 냈어요. 다른 두 애들보다 미묘한 부분을 잘 포착해냈죠. 다른 애들이 감지하지 못한 쟁점이나 생각을 자주 짚어냈어요."

엔에이카는 지능이나 학습에 대한 흥미가 부족한 게 아니라, 학업이 우선적 관심사가 아니었을 뿐이다.

[성적표가 측정할 수 없는 재능]

크로앨 부부는 엔에이카의 재능이 다른 자녀들과는 달리, 사회적 방식으로 표출되고 있음을 일찍 깨달았다. 이들은 세 자녀를 개개인으로 바라보며 세 자녀 모두에게 높은 기대를 걸긴 했지만, 엔에이카에게 다른 두 자녀처럼 높은 성적을 받아오라고 다그치지 않았다. 그런 전략을 써봐야 오히려 역효과를 낼 것 같아서였다.

이들은 자녀들의 교육에 일률적인 방법을 쓰지 않았다. 엔에이카의 경우 성적표로는 제대로 측정될 수 없는 지능을 갖고 있다고 존중해주면서 그에 따라 평가했다. 공감력과 의사소통 기술을 측정하는 시험이 있다면 엔에이카가 두 자녀보다 높은 점수를 받아낼 것을 알아봐주었다.

"엔에이카의 발달 진도를 확인하는 데는 학교에서 받아오는 성적은 별 의미가 없었어요. 직접 보면서 판단을 내릴 수 있었으니까요." 제임스의 말이다.

그렇다고 해서 엔에이카에게 높은 기대를 걸지 않았던 것은 아니다. 엔에이카의 말로 직접 들어보자. "배움에 힘써야 한다는 기대는 있었어요. 제 형제자매에 대한 기대와 그렇게 다르진 않은 기대였죠. 하지만 아이다와 엔가이 오빠처럼 학교 공부를 잘하길 기대하시진 않았어요. B나 C를 받아와도 혼나지 않았어요. 그러니까 배움의 환경은 마련해주었으니 어떤 성적을 받든 참견하지 않겠다, 뭐 이런 식이었어요."

하지만 엔가이가 A 이하의 점수를 받아왔을 때 어머니는 따끔하게 혼을 냈다. 그것이 최선을 다한 결과라면 대견하지만 최선을 다하지 않은 결과라는 걸 잘 알고 있다고 말이다.

전략적이지 않고 덜 세심한 부모 밑에서 자랐다면 엔에이카의 인생은 지금과는 크게 달라졌을지 모른다. 크로엘 남매들이 이따금씩 부모에게 정서적 거리감을 느꼈다고는 해도 엔에이카의 부모는 기본적으로 자애롭고 자상한 부모였으며, 각각의 자녀에게 부모로서 모든 역할을 잘 수행해주었다. 특히 수년에 걸쳐 엔에이카가 자신만의 기예를 갈고닦을 자유를 허용해줌으로써 지금과 같은 배우가 되도록 이끌어주었다. "배우에게는 정서적 지능이 중요해요. 또한 뛰어난 공감력은 배우에게 큰 장점이죠."

엔에이카는 프로 배우로 활동하던 시기에 뉴욕대학교 대학원 과정을 신청하기도 했다. 아티스트들이 현업에서 한발 물러나 1년 동안 아티스트의 사회적 역할에 대해 배우는 과정이었다. 이때 지원 자격에 통상적으로 요구되는 대학 평점을 갖추지 못했지만 자신의 살아온 이야기로 입학 담당 수문장들을 감동시켰다. "한마디로 가정 안과 가정 밖에서 꽤나 고군분투한 끝에 어려움을 극복한 어느 별종의 이야기였죠."

이렇게 들어간 대학원 재학 중에는 올 A를 받으면서, 예전부터 줄곧 갖추고 있던 학업 자질을 유감없이 발휘했다.

"그때 학업의 재능에 기지개를 켰어요. '어라! 나한테도 이런 재능이 있었구나!' 싶었죠."

엔에이카는 이 대학원 과정을 듣기 전까지만 해도 장기적으로 배우 생활을 이어가는 것이 자신에게 보람차고 의미 있는 일이 될지 고민이었다. 하지만 대학원 과정을 밟아 나가면서 자신의 예술을 도구 삼아 좀 더 나은 세상을 만드는 목표를 품게 되었다.

지금까지 살펴봤듯이 마스터 부모는 자녀에 대해 빈틈없이 공부하는 자세를 취한다. 마스터 부모는 각각의 자녀를 개개인으로서 이해하며 자녀별로 가장 효과적인 방식에 맞춰 교육 방법을 끊임없이 조정한다. 부모가 이러한 조정을 제대로 못하면 교육 몰입도가 아무리 높다 해도 형제들 사이에 누구는 성공하고 누구는 성공하지 못하는 차이를 낳을 수 있다.

첫째가 더 성공한다?

지금까지 만나본 성공한 사람들 가운데 롭, 자렐, 개비, 데이비드, 파멜라, 말보 자매 등 대다수가 첫째였다. 이렇게 보면 출생 순서와 성공에 어떠한 연관성이 있으며, 우리가 흔히 들어왔던 것처럼 첫째가 동생들보다 더 뛰어난 인물이나 리더가 될 가능성이 높은 듯하다.

이러한 현상을 설명할 때 가장 자주 제기되는 근거는, 첫째 아이가 더 많은 관심을 받기 때문이라는 주장이다. 말하자면 성공의 토대가 될 재능과 기량을 일찍부터 다져 앞선 출발을 한 덕분에 나이가 들어도 꾸준히 유리함을 안고 간다는 얘기다. 이를 뒷받침해주는 연구도 있다. 2018년 스웨덴에서 대대적인 과학적 연구를 벌여 분석한 결과, 나중에 태어난 자녀들의 성공 비율이 상대적으로 낮은 이유는 부모가 첫째 아이에 비해 시간과 관심을 덜 쏟아주기 때문이었다.

이 연구에서 제기된 또 다른 주장에 따르면, 첫째가 학업에서 우수할 가능성이 더 높은 이유는 대개 첫째에게 동생 돌보기 등 이런저런 책임이 주어지고, 이에 따라 조직관리 기술과 자기관리 기술뿐 아니라 의무감도 강해지기 때문이었다.

하지만 지금까지 살펴봤다시피 아이의 타고난 수용력뿐만 아니라 다른 선천적 성향 역시 아이의 성공에 있어 중요한 요소다. 따라서 둘째나 셋째 자녀가 첫째만큼 공부를 잘하지 못할 경우 그것이 부모의 열의가 시들해진 탓인지, 자녀의 재능이 부족한 탓인지는 확신하기 힘들다.

자녀 각자를 위한 교육법
·····················

이 책에서 소개하는 사람들 가운데 손아래 형제에 드는 이들은 자신들이 받은 교육의 혜택으로 손위 자녀를 키우면서 터득한 부모의 지혜를 꼽기도 했다. 정말로 그런 이유 때문이라면 (성격이나 소질에서의 선천적 차이 외에) 생활환경과 기회가 손아래 형제에게 더 유리했다는 얘기가 된다.

척 배저의 형이 교도소에 들어가고 난 이후 그의 어머니는 척과는 더 많은 시간을 함께해야겠다고 생각했다. 특히 조기학습 파트너 시기 동안 잘 챙겨주며 올바른 방향으로 이끌어줘야겠다고. 또한 첫째가 많은 시간을 허비하며 보냈다고 생각해서, 척을 키울 때는 여러 특기 활동에 참여하게 했다. 그러다 척의 학업 수준이 마침내 자신이 감당할 수준을 넘어서자 다른 사람에게 지도를 맡겼으며, 위험한 환경에 가까이 할 일이 없도록 미리미리 챙겨주었다.

물론, 넓은 관점에서 보면 출생 순서가 양육이나 아동발달의 결과에 미치는 영향에 관한 확실한 규칙은 없다. 자녀를 교육하는 문제에서 획일적인 해결책도 없다. 다만, 양육 공식처럼 어떤 경우에든 예외 없이 적용되는 보편적 원칙이 있다.

이번 장에서 만나본 형제들 모두 나름의 논리와 역동성을 지닌 고유의 이야기를 가지고 있다. 하지만 전 세계 가정에서 이와 비슷한 이야기들이 전개되고 있다는 사실을 감안하면, 이 형제들의 이야기를 특징짓는 패턴은 유익한 교훈이 되어줄 수도 있다.

한 가정 내에서도 자녀들의 교육 방법에는 언제나 차이가 생기게 마련이며, 이러한 차이에 따라 아주 다른 결과로 이어질 수도 있다. 하지만 대다수의 마스터 부모 경우엔 교육 방법에서의 차이를 되도록 전략적으로 다룬다. 다시 말해, 각 자녀의 욕구에 맞춰주기 위해 교육 방법을 조정한다.

그런 의미에서, 6장에서 살펴본 데이비드 마르티네스가 부모의 교육 방법에 대해서 밝힌 다음의 말은 공감을 일으키기에 충분하다. "부모님의 교육법을 종합적으로 놓고 보면, 저희 두 형제 모두에게 각자의 능력과 재능과 따라 똑같이 높은 기준을 세워주셨다고 얘기할 만해요. 부모님은 저희의 성격, 지적 능력, 학습 환경에 적응할 만한 정서적 준비 상태를 잘 살핀 후에 그에 따라 모든 교육 방식을 세우셨어요."

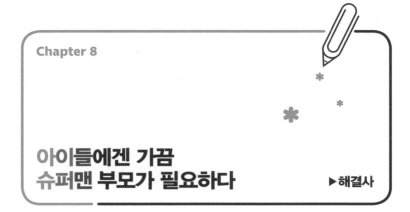

아이들에겐 가끔 슈퍼맨 부모가 필요하다 ▶해결사

열차가 사막 지대를 질주하고 있을 때 지진이 일어나 열차 앞의 철도 레일이 끊어지고 만다. 열차가 기울어지며 계곡으로 떨어질 판인 아슬아슬한 순간, 어디에선가 갑자기 슈퍼맨이 나타난다. 슈퍼맨은 휘어진 레일을 편 후 떨어져 나간 부분을 몸으로 받쳐 레일의 틈을 메워준다. 덕분에 열차는 아무 일도 없었던 것처럼 무사히 지나간다. 바로 영화 〈슈퍼맨〉의 한 장면이다.

해결사로서 마스터 부모는 자녀에게 탈선의 위기 상황이 발생하면 구조에 나서는 슈퍼히어로나 다름없다. 현명하고 임기응변에 뛰어난 보호자 역할을 해주며, 아주 중요한 순간엔 자녀가 경로에서 이탈하지 않도록 더욱더 집중된 결의로 무장한다.

항공기관사와 마찬가지로 해결사 역시 방심하지 않고 살피면서 자녀의 생활에 무슨 일들이 일어나고 있는지 주시하는 역할이다. 하지만 항공기관사는 자녀가 속해 있는 환경이나 시스템 내에서만 활동하며 시스템 장애가 발생할 경우 교사와 학교에 협력을 구하는 반면, 해결사는 언제든 날아오는 슈퍼맨처럼 혼자서 처리한다. 단독으로 나서서 자녀의 입장을 위태롭게 하는 장애물을 제거하거나 균열을 보수한다.

해결사 역할의 마스터 부모는 자녀의 원만한 인생 여정을 위해 희생을 감수하며, 자녀의 성장세에 계속 탄력을 실어주기 위해 때로는 자신의 소중한 것을 포기하거나, 삶에 중대한 변화를 일으킨다.

자동차를 들어 올려 그 밑에 깔린 아이를 구해내는 어머니처럼 해결사 부모는 일반 사람들의 수준을 넘어서는 힘과 용기를 끌어모으는가 하면, 수행해야 할 일을 위해 필요한 자원이라면 뭐든 다 찾아낸다. 이러한 능력은 부모의 사회 경제적 지위에 따라 좌우되지 않는다. 자금과 인맥을 동원하는 일에서는 중산층과 상위층 부모들이 더 수월할지 모르지만, 마스터 부모는 소득 수준을 뛰어넘어 자녀의 앞길을 순탄하게 이끌어줄 전략적 재치가 뛰어나다.

문제를 분석하면 답이 보인다

에스더 보이치키의 세 딸들이 과학기술 분야에서 최정상에 오르기까지는 어머니가 시간을 낭비할 일이 없도록 챙겨준 여러 기회가 한몫했다. 에스더의 세 딸들은 고등학생 때 PSAT(대입예비시험)을 봤다. 경계심이 낮은 부모였다면 이 시험 점수에 신경 쓰지 않거나, 점수를 보고도 그 중요성을 몰라봤을 것이다. 어쨌든 PSAT는 SAT(대입시험)의 준비운동에 불과하고 어떤 성적표에도 기록되지 않으니 말이다. 하지만 교사였던 에스더는 PSAT 점수가 SAT 성적을 가늠할 좋은 지표가 되어주며, SAT는 명문대의 입학사정관들이 중요하게 여기는 시험이라는 점을 잘 알았다.

"딸들이 PSAT에서 받아온 점수로는 저와 남편이 충분히 입학하리라 생각한 대학들에 들어가기 어려워 보였어요. 그래서 딸들에게 말했죠. '대학에 들어가고 싶으면 더 신경 써서 시험 공부를 해야 해'"

에스더는 SAT가 대학 입학의 필수 조건이 되어야 한다는 생각에 반드시 동의하지는 않았지만, 그것이 현실인 만큼 딸들이 그 시험을 잘 보게 할 필요가 있었다.

"딸들에게 이렇게 당부해뒀어요. '그 짜증 나는 시험을 보기 전까지 밤에는 제 시간에 잠을 자도록 해. 한밤중까지 친구들과 놀지 말고.'"

그렇게 일러둔 후에는 직접 SAT 공부를 해보기로 했다.

에스더는 어떤 문제든 간에 분석해보면 해법이 보이기 마련이라고 믿었다. 사실, 이것은 이 책에 나오는 거의 모든 마스터 부모가 어느 시점엔가 채택한 방법이기도 했다. 인터뷰를 나누며 들어보니, 경제적 문제이든 반항하는 아이의 문제이든 간에 뒤로 물러나 관찰하면서 문제를 분석한 시기들이 있었다.

에스더는 우선 SAT 샘플시험을 구해 조목조목 분석해봤다. "자동차 엔진을 분해하는 것처럼 했어요. SAT 자체에 주목하면서 문제의 출제 의도에 따른 학습 유형을 분류해놓고, 그 다음엔 어휘를 집중적으로 살펴봤어요. 단어 암기는 하룻밤 사이에 익힐 수 없는 노릇이니 시간을 두고 플래시 카드로 공부해야 할 것 같았어요."

에스더는 1,000매 짜리 어휘 카드를 사와서 집 안 여기저기에 붙여 놓았다. 딸들은 매주 10매씩 카드를 호주머니에 넣고 다니기도 했다. "자동차 대시보드에 테이프로 다른 카드 몇 매를 붙여놓기도 했어요. 단어들을 눈에 익히게 해주려는 의도였어요. 그런 식으로 여러 단어를 잠깐씩 수차례 보게 했더니 외우게 되더라고요. 정말 효과가 있었어요!"

에스더는 저널리스트이자 작문 교사로 활동했지만 수학 부문의 문제도 잘 분석했다. 개인교습을 할 때 수학을 가르친 적이 있던 터라 그 경험을 살려 딸들이 문제의 유형을 확실히 이해할 때까지 연습 문제를 풀게 했다.

에스더의 지도 덕분에 수잔은 수학과 영어 복합 문제에서 딱 한 문제를 틀려 1600점 만점에 1590을 받았고, 자넷과 앤도 거의 비슷한 성적을 받았다.

알고 있는 부모 vs 적용하는 부모

살다 보면 반드시 해야 한다는 것을 알면서도 실행에 옮기지 못하는 일들이 한두 개가 아니다. 그것도 일부러 하지 않으려고 해서가 아니라 그냥 짬이 잘 나지 않아서 못하는 일들이 많다.

스탠퍼드대학교 교수 제프리 페퍼와 로버트 서튼은 이런 현상을 두고 '지행격차(knowing-doing gap)'라고 명명했다. 이들의 연구 초점이 경영에 맞춰진 것이긴 하나 지행격차는 사람들이 알고 있는 것을 충분히 활용하지 못하는 모든 상황에 적용 가능한 보편적 개념이다.

부모라면 누구나 자녀에게 희망과 꿈을 갖고 있다. 그러나 공감하겠지만, 마음처럼 해줄 수 없는 일들이 있다. 자녀에게 더 많은 관심을 가지고 더 이해하려고 해도 너무 바빠 나중으로 미루게 된다. 또한 아이들의 각별한 관심사를 직업으로 발전시키도록 더 도와주고 싶지만 이역시 시간이 없다는 게 문제다.

페퍼와 서튼 교수가 밝혀낸 바에 따르면, 경영에서의 지행격차를 줄이기 위해서는 기업이 시급한 당면 문제를 해결하기 위해 할 수 있는 조치를 하나하나 나열하는 데 시간을 보내는 것이 아니라 문제 해결을 위한 첫 단계를 수행해야 한다. 문제를 완전히 해결하기 위해 수행해야 하는 모든 단계를 낱낱이 알지 못하더라도 일단 첫 단계를 수행하는 것이다.

실제로 아직 모르는 것에 매진한 기업은 결국엔 무력감에 빠졌던 반면, 알고 있는 바를 바탕으로 문제 해결의 노력을 시작한 기업은 수행

중에 필요한 해결책을 발견하게 되었다.

자녀교육도 다르지 않다. 마스터 부모는 아직 잘 모르는 것을 배워나가며 지식격차(knowing gap)를 해결하는 동시에, 지금 알고 있는 일을 바로 행동에 옮겨 지행격차를 해결한다.

마스터 부모는 중요하지만 익히 아는 개념의 교육법을 접하게 되면 '새로운 얘기도 아니잖아. 전에 들어서 알고 있는 거라고' 하는 식의 생각을 하지 않는다. 오히려 스스로에게 자문해본다. '저 방법을 내가 해볼 만큼 해봤었나?' 성공한 자녀를 키워낸 부모들과 그렇지 않은 부모들 사이의 가장 큰 차이점은 알고 있는 지식이 아니다. 그보다는 자녀의 재능을 키워주고 응원해줄 때 알고 있는 지식을 얼마나 집요하고 전략적으로 활용하느냐에서 나타난다.

이러한 자세는 행동이 관건인 해결사 역할에서 특히 중요하다. 해결사는 전지적 존재가 아니다. 어떠한 상황에서든 정답을 미리 알고 있는 것이 아니다. 오히려 어떤 식으로든 문제 해결에 착수한 다음 그 과정에서 답을 찾아내는 역할자이다.

엄마의 뛰어난 임기응변과 희생

사라 바르가스의 딸 개비는 하버드대학교 출신의 이민 전문 변호사로 일하며, 자신의 어머니처럼 불법 이민자 신분 때문에 힘들어하는 이들을 돕고 있다.

개비는 6학년에 때만 해도 그저 플루트가 너무도 갖고 싶던 평범한 여자아이였다. 개비는 30명 정도 되는 학급에서 성적도 매우 우수했고 친구들과도 잘 지냈는데, 친구들은 대부분 그녀의 집과는 달리 부유했다. 그 무렵 다른 상위권 학생들은 중학교의 교내 밴드 단원이었는데 밴드에 들어가기 위해서는 연주할 악기가 필요했고, 개비는 그것이 새 플루트이길 원했다.

어머니 사라는 친구들과의 중요성을 잘 알았다. 또 개비가 상류층 아이들과 섞여 있으면서 얻게 될 이점을 위해서라도 플루트가 필요하겠다는 생각이 들었다. 하지만 새 플루트를 구한다는 게 간단한 문제는 아니었다.

싱글 맘이던 사라는 시급 6달러도 안 되는 계산대 직원 월급으로 세 딸을 키우며 겨우겨우 살아가고 있었다. 괜찮은 플루트를 사려면 1,000달러 정도는 있어야 했지만 사라에게는 그만한 돈도, 도움을 청할 만한 사람도 없었다. 불법 이민 노동자라 예금계좌나 신용카드도 없었다. 개비에게 플루트를 사주는 방법은 결혼반지를 전당포에 잡히는 것뿐이었다.

결혼반지는 1980년대 말의 전형적인 스타일로, 서로 포개진 두

줄의 골드 링에 다이아몬드 세 알이 박혀 있었다. 빠듯한 살림살이와 추방당할 위협이 늘 도사리고 있는 가정에서 그 반지는 생명줄이나 다름없었다.

"아이에게 악기가 필요한 상황에서 달리 방법이 없었어요. 다른 선택안이 없었죠. 음악은 개비가 잘하는 분야였고 아이는 정말로 간절히 플루트를 연주하고 싶어 했어요."

사라는 일정 기간 임대 후 소유권을 갖는 조건으로 플루트를 구입했다. "그날은 슬프면서도 행복한 날이었어요. 반지는 저에게 특별한 의미가 있는 물건이었지만, 또 한편으론 아이에게 필요한 물건을 사주기 위한 유일한 선택안이었죠. 전 아이를 뒷바라지하는 일만 생각하기로 했어요."

개비의 음악적 관심은 사라가 예상했던 바를 모두 충족시켜주었다. 음악적 관심을 살려 교내 밴드의 단원이 된 덕분에 개비는 여기저기 여행을 다니고, 팀워크의 중요성을 깨닫고, 우수한 동급생들과 돈독한 우정도 쌓을 수 있었다.

사라는 직장에 휴가를 낼 수 있을 때면 딸의 연주회를 보러 갔고, 가끔은 친구들도 데려갔다. 개비는 지금도 여전히 어머니의 행동에 감사해한다. "플루트를 사려고 자기 결혼반지를 전당포에 잡히다니 아무나 할 수 있는 일이 아니죠! 그 감동은 잊을 수가 없어요. 그때나 지금이나 여전히요."

사라는 임대료를 꼬박꼬박 지불하다 마침내 반지를 되찾아 왔다. 그 뒤로도 딸들에게 뭔가가 필요한데 돈이 없을 때면 전당포에 반지를 잡혔다. "그럴 때마다 항상 돈을 갚았어요. 제 목표는 돈을 갚는 것이지 반지를 잃는 것이 아니었죠."

신용카드나 은행대출을 이용하지 못한 탓에 전당포가 은행이고 반지는 고금리 대출의 담보물건인 셈이었다. 반지를 전당포에 잡힐 때마다 사라는 매번 돈을 갚을 방법을 찾아내면서 절대로 포기하지 않았다.

집요함이 주는 기회

테리 채프먼은 일레인 배저가 처음 전화한 날을 평생 잊지 못할 것 같다고 한다. 테리는 가난한 가정의 아이들에게 중산층으로 올라설 가능성에 눈뜨게 해주는 취지로, CEO 아카데미라는 기업가 정신 여름 캠프를 운영하고 있었다. 다음은 테리의 회고담이다. "전 대개 학교로 찾아가서 아이들을 모집했어요. 교사들에게 여름 캠프를 설명하고 나면 교사의 추천을 받은 부모들이 전화를 걸어왔죠. 배저 여사는 교회에 갔다가 다른 부모에게 여름 캠프 얘기를 듣게 된 경우였어요."

일레인은 4학년인 아들 척을 여름 캠프에 참가시키고 싶었지만 테리는 대기자 명단이 있다고 얘기해주었다. 일레인은 결연한 의지로 포기하지 않았다. "하지만 전 이 여름 캠프 소식을 방금 알았어요." 그리고 뒤이어 가정 사정을 풀어놓았다.

자신과 전남편이 뉴욕에서 내슈빌로 이사 왔을 때 척이 아직 갓난아이였던 이야기, 그 뒤에 척과 나이 차이가 많이 나는 형이 교도소에 들어가게 된 이야기, 그 일을 계기로 척만큼은 시간을 허비하게 두고 싶지 않다는 이야기를 쭉 들려주었다. "일레인은 저에게 하소연했어요. '제가 척을 여름 캠프에 참가시키려는 건 여름방학 8주 동안 공부 시간을 더 채워주기 위함입니다.'"

테리는 결국 일레인의 말에 설득당했다. 하지만 바로 참가신청을 수락해주진 않고, 먼저 가정 방문을 해보았다. 집 안에 들어서자 일레인의 모습이 보였다. 그녀는 실제보다 훨씬 더 나이 들어 보였는데, 척이 2학년 때 뇌졸중이 와서 그 후유증으로 지팡이를 짚어야만 걸을 수 있었다.

테리가 그때의 기억을 떠올리며 말했다. "일레인은 장애를 가진 몸으로 생활보호 대상자로 살면서도 꿋꿋이 어린 아들을 키우고 있었어요. 할머니로 착각할 만큼 나이가 들어 보였죠. 척은 반듯하게 다림질된 바지에 흰색 남방을 받쳐 입은 말끔한 차림이었어요. 이웃 동네의 다른 아이들과는 다른 인상이었죠. 일레인은 척이 사람들에게 좋은 인상을 주도록 아주 신경 썼어요."

그날 인연을 맺은 이후, 테리는 일레인의 대리인 역할을 해주며 척을 더 넓은 세계와 이어주었다. 형과 같은 운명을 맞지 않게 하려는 일레인의 노력이 없었다면 척은 훗날 함께 일하게 될 정치 지도자들을 만날 기회를 얻지 못했을 것이다. 또한 재계와 정치계 거물들에게 멘토링을 받아 학교 대표, 캠페인 매니저, 컨설턴트, 정치

평론가로서의 자질을 훈련받을 기회도 누리지 못했을 것이다.

해결사 부모가 만들어내는 차이

에스더가 방심했다면, 사라의 임기응변이 없었다면, 일레인이 그렇게까지 집요하지 않았다면 이 자녀들의 인생은 어떻게 바뀌었을까?

에스더의 딸들이 SAT에서 우수한 성적을 얻지 못했다면 과장이 아니라 세상은 정말로 지금과 많이 달라졌을 것이다. 그녀의 맏딸 수잔은 하버드대학교에서 처음 컴퓨터 수업을 듣게 되었고, 이때 쌓은 실력을 계기로 1998년에 구글의 18번째 직원으로 뽑혀 최초의 마케팅 책임자로 발탁되었다. 이후엔 광고 및 상업 부문 수석 부사장으로 승진했고, 유튜브 인수를 권고하면서 유튜브의 CEO가 되었다.

또한 자넷이 만약 다른 교육 진로로 들어섰다면 아프리카의 HIV 감염 문제를 돕지 못했을 것이다. 한편 앤이 23앤드미를 세우지 않았다면 일반 시민들은 지금과 같이 자신의 유전적 계보나 특정 질병의 발병 위험에 접근하지 못했을 것이다.

개비에게 플루트가 없었다면 우수한 또래 그룹과 어울리지 못해 지속적으로 학업 의지를 자극받지 못했을 수 있다. 더 나아가 개비가 변호사가 되지 않았다면 현재 그녀가 도와주고 변호를 맡아주는 이민자 가족들의 인생에 어떤 변화가 있을지 생각해볼 만하다.

　마지막으로 척의 경우에도 어머니의 집요한 의지가 없었다면 테리를 만나는 인연도, 또 그녀를 통해 정치적 꿈을 이루게 도와준 다른 이들과의 인연도 맺지 못했을 것이다. 그가 맡아서 승리를 거둔 여러 선거 캠페인의 결과도 달라졌을 테고, 캠페인의 승리가 불러온 수많은 파급 효과도 일어나지 않았을 것이다.

　이 부모들은 해결사 역할을 수행함으로써 성공의 기회가 될 자원들을 찾아내고, 자녀를 고성취의 궤도에서 이탈시킬 만한 혼란을 막아냈다. 그리고 이로써 자녀의 성공을 이끌었을 뿐만 아니라 다른 이들의 인생에도 영향을 주었다.

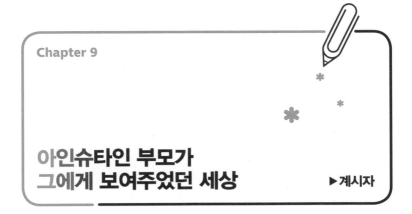

Chapter 9

아인슈타인 부모가
그에게 보여주었던 세상

▶계시자

알베르트 아인슈타인이 상대성 이론을 발표하며 물리학계 슈퍼
스타가 되기 전인 1800년대 말에만 해도 그는 그저 학교 가기를
싫어하는 소년이었다. 그렇다고 해서 공부를 하지 않았던 것은 아
니다. 단지 학교에서 공부를 하지 않았을 뿐이다.

아인슈타인이 학교에서 공부를 못했다는 사실은 꽤나 유명하다.
반면에 그런 아인슈타인을 어머니 폴린이 집에서 아주 강도 높고
의도적인 방식으로 공부시켰다는 사실은 잘 알려져 있지 않다. 폴
린은 그에게 다양한 책과 장난감을 주었고, 주의력 향상을 위해 바
이올린을 연습시켰다. 또한 아들이 관심 있어 하는 것이 있으면 어
떤 분야이든 가르칠 만한 사람을 찾아 배우게 했다. 아인슈타인은

동급생들과 교사들에게는 버릇없고 따분하고 멍청하고 이상한 애로 여겨졌지만 집에서는 유쾌한 아이였다. 또한 친척들이 '꼬맹이 부처'라고 부를 정도로 무언가에 한번 집중하면 푹 빠져들었다. 정원에 혼자 틀어박혀 수학 방정식을 풀며 놀았고, 대중 과학에서부터 철학자 임마누엘 칸트에 이르기까지 온갖 지식을 탐독했다.

폴린은 전략적으로 아늑한 학습 환경을 꾸며놓고 아들이 14층짜리 카드 집을 세우거나, 블록 놀이를 하거나, 음악을 듣거나, 보고 싶은 책을 읽으면서 여동생 마야와 함께 호기심과 자기관리 능력, 자립심을 키우도록 북돋아주었다. 여동생의 일기에 써 있는 일화대로라면, 폴린은 아인슈타인이 네 살 때부터 혼자 도로를 건너가 뮌헨 외곽의 이웃 동네를 둘러보고 오게 했다. 주변 세상을 경험시켜주고 싶은 마음에서였다.

아인슈타인 집에서 열리는 모임

아인슈타인이 나이를 먹으면서 호기심에 불이 붙은 계기는 목요일마다 아인슈타인 집에서 열린 오찬 모임이었다. 아인슈타인은 이 식사 자리에서 폴린, 아버지 헤르만, 다른 식구들, 식사 손님으로 초대된 과학자들과 함께 같은 식탁에 앉았다. 이 오찬 세미나가 열리는 동안 어른들은 이 풋내기 소년의 생각에 의문을 제기해주는 한편, 최신 기술을 알게 해주고 과학자의 자세가 무엇인지도 보여주었다.

데니스 브라이언의 저서 『아인슈타인 평전』에 따르면, 특히 삼촌 야고프가 그 오찬 모임에 까다로운 수학 문제들을 가지고 왔다. 그러면 아인슈타인은 그 문제들을 다 풀고는 예상치 못한 골을 넣은 축구선수처럼 환호성을 질렀다.

오찬 모임의 참석자 중에는 유대인 의대생 막스 탈마이도 있었다. 탈마이는 아인슈타인의 열 살 때 스승으로 수학, 물리학, 철학과 관련된 책을 자주 알려주며, 최근의 과학적 발견을 놓치지 않고 따라가게 해주었다. 모임의 자리에서 아인슈타인은 그 주에 풀었던 방정식을 보여주길 좋아했다. 탈마이가 회고담에서 밝혔듯, 이때 이 소년은 자신이 상대할 수 있는 수준을 넘어서 있었다.

아인슈타인 부부는 아들의 교육 수준을 넓혀줄 적당한 사람을 찾는 데 힘썼지만, 아인슈타인 자신이 정확히 지적했듯 과학자가 되는 평생의 여정에 처음 발을 떼게 한 계기는 그런 교육보다 훨씬 더 단순한 학교 밖 특기 활동이었다.

다섯 살이던 아인슈타인이 아파서 누워 있을 때 그의 아버지는 아들의 기분을 좋게 해주려고 나침반을 가져다주었다. 어린 아인슈타인은 나침반을 받고 뒤집어도 보고 돌려도 보면서 나침반 바늘이 흔들거리다 북쪽을 가리키게 되는 이유를 이해하려고 했다. 그렇게 나침반은 아인슈타인을 공간 추론의 세계로 인도했다.

그 뒤로 열여섯 살 때 빛줄기를 추격해 따라가 보면 어떤 모습일지 상상하기에 이르렀고, 그 답을 찾기 위한 탐구는 마침내 시공간에 대한 우리의 인식을 바꿔놓으며 상대성 이론을 낳았다. 상상력을 동원한 사고(思考) 실험(빛줄기 추적, 자유 낙하하는 엘리베이터의 탑승, 쌍둥이 중 한 명을 로켓선에 태워 보내기 등)을 펼치면서 과학적 개념을 이론화시키는 아인슈타인의 재능은 그의 혁신적 연구를 상징하는 트레이드마크였다. 아인슈타인은 이러한 사고방식이 싹트게 된 곳이 바로 집이라고 생각했다. 다섯 살 때 아버지가 가져다준 나침반을 놓고 이런저런 생각을 해보면서부터였다. 그는 나침반을 받았던 때로부터 60년이 지난 이후에도 그 기억을 소중히 간직하고 있었다. "그때 나는 사물들의 이면 깊숙이에는 뭔가 중요한 것이 숨겨져 있을 거라는 인상을 받았고 그 뒤로 그 여운이 두고두고 남게 되었다."

폴린과 헤르만은 계시자 역할을 대표하는 부모이다. 계시자로서 부모는 자녀에게 가려진 세상의 장막을 벗겨내 주면서 자신의 잠재적 미래상에 대한 가능성에 눈뜨게 해준다.

계시자는 배움이 교실 안에서만 가능한 일이 아님을 잘 알아서 자녀가 학교에서 공부하는 지식을 (혹은 아직 학교에 다니지 않는 자녀에게 장차 배우게 될 지식을) 보강해준다. 자녀가 이미 알고 있는 지식에 깊이를 더해주고, 모르는 지식을 깨우쳐준다.

계시자 역할의 마스터 부모는 자녀를 엠파이어 스테이트 빌딩 꼭대기로 데려가 언젠가 자녀가 가볼 수 있는 모든 장소를 가리켜 보여주는데, 주로 이 세 가지 방법을 사용한다.

1. 목표로 삼은 학습 체험과 환경을 접하게 해주고, 마음이 맞는 동류 그룹과 교류시켜주기.
2. 인생의 가혹한 모습 등 언젠가 자녀가 속할 어른들의 현실에 익숙해 지도록 이끌어주기.
3. 그것이 무엇이든 자녀가 열정을 보인 분야의 지식을 더 깊이 있게 다져주고, 자녀가 보고 미래상으로 삼을 만한 지도자를 알게 해주기.

결과적으로 자녀가 해박한 지식과 함께 자신의 미래에 대한 넓은 통찰을 갖추게 함으로써 성공한 성인이 되기에 유리한 출발을 하게 해준다.

집 안에 작은 교실

조기학습 파트너를 다룬 5장에서 살펴봤듯이 가정은 아이가 접하는 최초의 학습 환경일 뿐만 아니라 가장 중요한 학습 환경이다. 뇌 발달의 중요한 토대가 형성되는 시기는 생후부터 5세까지이다. 숫자와 글자에서부터 다른 사람과의 소통에 이르기까지 자녀가 유치원에 들어갈 무렵에 습득하고 있을 만한 모든 것은 이 몇 년간의 조기발달 시기에, 대체로 가정에서 학습된다. 이 기간은 다양한 가정 환경의 차이에 따라 아이들 간의 교육 불균형이 발생하는 시기이지만, 또 한편으론 그런 격차의 싹을 미리 없애버릴 수도 있는 시기이다. 폴린이 아인슈타인에게 집중력 향상을 위해 바이올린 레슨을 받게 한 것이 그 좋은 사례다.

폴린은 곡물 장사로 큰돈을 모은 여유 있는 아버지 덕분에 예술을 비롯해 좋은 교육을 받으며 자랐다. 음악에 매료되어 수준급의 피아노 연주 실력을 갖추기도 했다. 그래서 다섯 살이 된 아들이 집중력이 떨어지고 성마른 기질이 있다는 것을 눈치챘을 때 음악 교육이 도움이 될 것이라고 생각했다. 그리고 폴린의 판단은 옳았다. 바이올린과 피아노를 배운 덕분에 아인슈타인은 수년이 흐른 후 획기적 이론을 세우면서 집중력을 잃지 않을 수 있었다.

엘리자베스는 더 형식적인 방법으로 집에서 보강 교육을 했다. 세 자녀에게 비판적 사고력을 길러주기 위해 교실 수업과 비슷한 구도를 만들고 책 한 권을 읽을 때마다 독후감을 쓰게 했다. 자렐은 책 읽기는 좋아했지만 독후감 쓰기는 싫어했다. 그래도 엘리자베스는 봐주지 않고 다그쳤다. 자렐이 가장 힘들어하는 글쓰기를 더 많이 시켜야 한다고 생각했기 때문이다.

우리가 인터뷰한 사람들, 특히 하버드 프로젝트 참여자들 사이에서는 이렇게 집 안에 작은 교실 환경이 마련된 경우가 많았다. 이 작은 교실에서의 수업들은 대개 자녀가 취학 전 나이일 때 처음 시작되어 정식으로 학교에 입학할 때까지 계속되었지만, 일부 형식들은 그 뒤로도 한참 지속되기도 했다. 현재 성인이 된 자녀들은 그 시절의 기억을 풀어놓으며 부모가 많은 시간과 관심을 쏟아주기만 한 것이 아니라 공부를 재미있게 느끼도록 해주었다고 말했다.

하버드 프로젝트의 한 참가자는 행복한 표정으로 '엄마 학교' 얘길 들려주었다. 아직 걸음마쟁이일 때 어머니가 여분의 방을 교실로 꾸며놓았는데 그 방에서 엄마와 단둘이 놀이를 하고, 노래를 부르고, 그림을 그리고, 책도 읽었다고 한다. '진짜 학교'에 들어갈 나이가 되었을 때는 더 이상 '엄마 학교'가 열리지 않겠다는 생각에 슬퍼지기도 했다.

여름 방학이나 주말 동안에 집에 '교실'을 열었던 부모들도 있다. 그중 몇몇 부모는 자녀뿐만 아니라 다른 사람들도 도와주기 위해 실제 수업이나 실습 교실을 열기도 했다. 에스더 보이치키가 딸들이 다니는 학교에 작문 지도교사가 부족하자 자신이 직접 작문 수업을 해주었던 것처럼 말이다.

우리와 이야기를 나눈 한 부부는 막내딸이 AP(advanced placement, 대학 과목 선이수제) 수학 과목에 배정받지 못했을 때 비백인 학생들을 대상으로 대규모의 대안 수학 과정을 만들었다. 이 과정을 들은 부부의 두 딸은 결국 MIT에 입학했고, 상당수의 다른 학생들도 전국의 명문 대학에 입학했다.

또래와의 학습

매기와 그녀의 형제들은 열 살부터 고등학교를 졸업할 때까지 줄리아드 음대가 운영하는 대학 전 예비학교에 등록하여 매주 토요일마다 악기 공부를 하고 음악 지식을 쌓았다. 2학년 때 장학금을 받기 전까지 가족은 이 예비학교 과정의 비용을 대느라 동전까지 아끼며 근근이 살아갔다. 매기는 어머니가 마트 선반에서 잼을 들었다가 10센트 더 싼 다른 병을 보고 다시 제자리에 놓던 모습을 아직도 잊지 못한다고 한다.

매주 다른 어린 음악가들과 어울리는 줄리아드 예비학교 모임은 가족에게 가장 중요한 일이었고, 매기와 형제들이 매일매일 했던 악기 연습부터 금요일에 일찍 잠자리에 드는 일까지 가족의 모든 활동은 줄리아드 예비학교와 연관되어 있었다. 토요일 아침이면 가족은 모두 차에 우르르 타서 뉴욕까지 2시간을 달렸다.

줄리아드 예비학교의 토요일 프로그램은 매기에게 마법 같은 세계였지만 집처럼 편하기도 했다. 매기는 이곳에서 계층과 인종, 문화권은 서로 다르지만 음악에 대한 마음은 같은 아이들과 어울리며 평생 이어질 우정을 쌓았다.

이 프로그램은 음악과 가능성을 중심으로 오케스트라 수업, 귀를 단련하는 수업, 지휘 수업, 음악의 기본 요소를 다루는 이론 수업들로 구성되었다. 독주회와 연주회가 열리기도 했고, 학생들이 연습실에서 연주를 하며 평가를 받기도 했다.

매기 영에게 진짜 세상은 롱아일랜드의 중학교나 고등학교가 아니었다. 그녀의 진짜 세상은 줄리아드가 있는 뉴욕시에 있었다. "저녁 6시에 줄리아드에서 나오면 무려 2시간이나 차를 타고 집에 왔어요. 그래도 줄리아드가 너무 좋았어요."

롱아일랜드의 학교에서는 자신이 별종처럼 느껴졌다. 어쩌면 그런 이유로 고등학교 동창들과 졸업 후에 연락을 하지 않았던 걸지도 모른다. 하지만 줄리아드에 가면 자신과 비슷한 아이들과 어울릴 수 있었다.

계시자 역할의 마스터 부모는 자녀를 줄리아드 예비학교 같은 기회에 접하게 해주며 가능성을 깨우쳐주고 꿈을 북돋아준다. 매기가 훗날 공연을 한 링컨센터 같은 세계 정상급 공연장에 대해 처음 들은 것도 줄리아드에서였다. 매기는 꿈을 키워 나중엔 줄리아드 대학원에까지 입학했다.

줄리아드 예비학교 같은 프로그램은 자녀들의 인생 궤적에 또하나의 중요한 영향을 미친다. 초등학생과 중학생 시절에 이러한 프로그램에 선발된 이들은 거의 예외 없이 그때의 기분은 황홀함 그 자체였다고 입을 모았다. 동류 그룹에 속하는 기분이 너무 소중해서 일단 그 무리에 속하고 나면 그곳에서 배제될 만한 일은 절대 하지 않으려 주의했다고 한다.

하버드대에 지원했어도 합격했을 테지만 대신에 필라델피아의 작은 음악대학에 들어가기로 마음먹었던 매기 같은 똑똑한 아이들은 '재능 있는 아이들 중의 한 명'으로 인정받는 것에 뒤따르는 보람을 잘 알고 있었다. 어른들에게 존중받고, 특별한 체험의 대상자로 선발되고, 꿈같은 곳에서 황홀한 기회를 누리는 기분을 직접 느껴봐서 잘 알았다.

자기만의 공간

이 책을 위해 인터뷰를 나눈 사람들은 대부분 집에 자신만의 공부 공간이 있었다. 그 공간이 방의 한구석인 경우도 있었지만 어떠한 경우이든 그곳에는 책, 탁자나 작은 책상, 그리고 의자가 갖춰져 있었다.

하버드 프로젝트에 참여한 한 한국계 청년은 아버지가 자신을 위해 세계 지도가 쫙 펼쳐진 방을 만들어준 경험을 들려주었다. 그때 자신이 특별한 존재처럼 느껴졌다고 한다. 그 지도는 자신이 언젠가 가보게 될 곳들을 보여주었다. 흥미롭게도 다른 성공한 사람들 몇몇도 부모가 지도 방을 만들어주어 자신이 광활하게 펼쳐진 세상에 살고 있음을 상기시켜주었다고 한다.

계시자 부모들은 지도 외의 다른 방식으로도 자녀에게 세상을 가르쳐주었다. 일부 마스터 부모는 전문가로 자처하는 사람들에게 의문을 제기해도 괜찮다고 가르쳤다. 에스더는 딸들에게 의사나 과학자, 교사들 앞에서도 그들의 주장을 입증해달라는 요구를 해보라고 격려했고, 자렐의 어머니는 괜히 오해를 살 수 있으니 다른 흑인 아이들 여럿과 한 자동차에 타지 말라고 주의를 주며 권위의 오류를 환기시켰다.

산구 델레의 아버지 역시 아들의 유년기 내내 남들의 선의를 곧이곧대로 받아들이지 말라고 가르쳤다. "전 아들에게 사회에는 속임수가 판치니 사람들의 말과 행동을 비판적으로 살펴야 한다고 주의를 줬어요. 아부꾼을 조심하고 입에 발린 칭찬에 휘둘리지 말라고도 말해줬죠."

자연스런 토론 수업

산구는 다섯 살 때 가나에서 자라면서 씁쓸한 현실을 일찍 체득했다. 당시에 인근의 서아프리카 국가인 시에라리온과 라이베리아에서는 내전이 발발해 있었다. 의사일 뿐만 아니라 아프리카 보건 및 인권위원회의 창설자인 산구의 아버지, 델레 박사는 정치 난민들이 피난처 삼아 밤늦게 집으로 찾아오면 난민들이 겪은 끔찍한 일들을 들으며 전략 회의를 하곤 했다. 어린 산구는 그때마다 가까이에 앉아서 이야기를 들었다. 어린 군인에게 성폭행을 당한 할머니의 얘기는 아직도 잊히지 않는다. 어떤 난민은 라이베리아의 전 대통령 찰스 테일러에 맞서는 글을 썼다가 고문을 당하기도 했다.

중요한 이야기가 오가는 자리였던 만큼 산구는 셔츠에 재킷을 걸치고 넥타이까지 맨 정중한 차림을 하고 어른들 사이에 끼어서 사람들이 이야기를 나누며 적극적으로 계획을 짜는 모습을 지켜봤다.

델레 박사는 가톨릭계 학교에 다니며 어른들이 나누는 얘기에 아이들이 낄 수 없는 분위기 속에서 자랐지만 산구를 그런 식으로 단속한 적이 없었다. 심지어 어린 아들이 끼어들어 "하지만 왜 그런 건데요?"라고 물으면 회의를 잠시 멈추며 질문에 대답해주었다.

또래의 대다수 아이들이 정권 투쟁과 그것이 인간의 삶에 미치는 영향에 대해서는 아무것도 모르던 나이에 산구는 가혹한 현실을 접하며 역사의 전개 상황을 목격했다. 다섯 살배기 소년은 참혹한 이야기들을 들으며 자신도 이미 어른인 것처럼 어른들 옆에서 선택안을 이리저리 생각해봤다.

현재 산구는 훌륭한 사회적 기업가로서 아프리카의 여러 문제를 해결하기 위한 활발한 활동을 펼치고 있다.

우리와 인터뷰한 사람들 사이에서는 어른들의 대화에 참여하는 것이 특별한 일이 아니었다. 산구가 그랬고, 아인슈타인이 그랬듯이 라이언 퀼스 역시 어른들의 대화 자리에 함께 했다.

라이언이 어렸을 때 동네에서는 거의 매일 점심시간쯤 되면 농부들이 간이식당에 하나둘 모여들어 농업계의 현황을 주고받았다. 밤마다 신문과 잡지를 보며 농업 소식을 살폈던 라이언의 아버지는 그런 자리에서 답이 필요한 순간이면 어김없이 기대의 시선을 받았다.

라이언은 지금에 와서 생각하면 그 자리가 입법청문회와 비슷했다고 한다. 당시에 라이언은 그 자리에서 오가는 대화를 들으며 농작물 재해보험과 담배 농사의 경제학 같은 쟁점을 깊이 이해하게 되었다.

"멋진 정장차림이 아니라 흙, 기름, 땀으로 범벅된 사람들 사이에 앉아 있는 건 아무렇지 않았어요. 전 농부들이 농업계를 위한 최선책이 무엇인가를 놓고 서로 생각을 주고받으며 초당파적 합의를 세우는 모습을 지켜보는 게 좋았어요." 그 둥근 탁자에서의 점심은 그가 훗날 입법자가 되어 실천하게 될 심의 과정을 접하게 해준 자리였다.

어른들끼리 중요한 문제를 토론하는 자리에 자녀가 같이 있게 해주면 라이언이나 산구 같은 자녀들은 어른들의 입장에서 고심해보게 된다. 말하자면 이런 자리는 명문대의 대학원 수업과 비슷하다. 사례연구법을 활용해 실질적인 상황을 중심으로 토론 수업을 진행하며 사람들의 삶에 영향을 미치는 선택안들을 다루는 방식과 다를 바 없다. 대학원생들이 학우들이 벌이는 찬반 논쟁을 귀기울여 듣는 것처럼 자녀도 어른들의 대화를 들으면서 언젠가 자신이 성인이 되어 하게 될 사고를 미리 해보는 것이다.

10세 이전에 되고 싶은 미래를 만나다

이 책에 나오는 성공한 자녀들은 8~10세 때부터, 심지어 일부는 더 이른 나이 때부터 정치, 음악, 동물학 같은 특별 분야에 관심을 갖기 시작했고, 이들의 계시자 부모들은 이를 위해 수준 높은 기회를 적극 찾아주었다.

돔 지붕이 멋들어진 켄터키주 의사당 건물은 오래전부터 라이언의 마음을 사로잡아왔다. 그는 어린 소년이었을 때 아버지와 차를 타고 새롭게 경작하게 된 농지에 가곤 했는데 의사당을 지날 때면 시선을 그곳에서 떼지 못했다. 라이언은 의사당에 대한 모든 것이 궁금했다. 천장 높이가 얼마쯤 될까? 저 안에서 일하는 사람들은 어떤 사람들일까? 우와, 계단이 엄청 많네. 문도 엄청 크고. 저 문 안은 어떤 모습일까?

그리고 그 궁금증이 마침내 풀렸을 때 정말로 가슴이 벅차올랐다. 첫 번째 의사당 방문은 아홉 살 때 어머니와 선생님이 우수한 성적을 받은 상으로 마련해준 것이었다. 어머닌 감격해하는 아들을 보며, 라이언이 고등학교 4학년 때까지 매년 꼬박꼬박 주 의원의 사환으로 일할 기회를 얻도록 도와주었다. 언젠가 정치 지도자로 활동하게 될 무대를 세세히 들여다보게 해준 것이다.

"의사당에서 사환으로 일하는 동안 제가 꿈꾸는 청년상을 볼 수 있었어요. 매일 신문을 보며 주 정계의 상황을 놓치지 않고 살피면서, 다음에도 일할 기회를 얻기 위해 노력했죠. 그러면서 나도 언젠간 이곳에서 정식으로 일하게 되리라는 꿈을 꾸었어요."

운명의 장난이었는지, 몇 년 후에 라이언은 처음으로 공직에 출마했다가 사환을 하며 모셨던 바로 그 주 의원을 이겼다.

어렸을 적 관심사를 잘 살려 진로를 정한 사람은 라이언뿐만이 아니다. 척 배저가 다섯 살 때 어머니 일레인은 아들이 목사를 흉내 내는 모습을 보고는 그가 대중 연설에 관심이 많다는 걸 알아차렸다. 그래서 다른 아이들은 한창 비디오 게임을 즐기고 있을 나이인 열한 살 때 척은 청소년 회의에 나가 자신의 개인사에 대해 발표하고, 재계 명사들이 참석하는 자리에 가서 자신의 생각을 나누었다.

이때 어린 척은 정장에 넥타이까지 매고 작은 어른처럼 굴며 사람들에게 자신의 명함을 건넸다. 이를 지켜보던 어른들은 자신감 넘치는 그가 저소득층이 사는 단지 출신이라는 것을 알고 호기심을 내보였다.

그러던 어느 날 한 모임에서 한눈에 라이언의 남다른 자질을 알아본 여성을 만나게 되었다. 그녀는 스카이라인이 내려다보이는 대형 유리창 쪽으로 그를 돌려세우며 이렇게 말했다. "저 아래 도시가 너의 세상이 될 수도 있어."

'세상엔 무한한 기회가 열려 있다'는 말은 척의 마음을 울렸다. "제 가능성이 더 확장되는 느낌이 들었어요. 제 인생에서 실현 가능한 여지가 늘어나는 그런 느낌요." 그리고 언젠가 이룰 그의 미래상도 확대되었다.

열정 프로젝트 : 자녀의 특별 관심사

라이언이 정치를 통해 키웠거나, 척이 대중연설을 통해 펼쳤거나, 매기가 바이올린을 통해 품었던 특별한 분야의 관심사를 우리 두 사람은 일명 '열정 프로젝트'라고 이름 붙였다. 자녀의 일과에 가능한 한 많은 과외 활동을 넣는 전형적인 중산층 부모의 집중 양육 방식과는 달리, 계시자는 항상 자녀의 미래를 염두에 두고 전략적인 교육을 구상한다. 그리고 이런 방식에서는 자녀가 선택한 열정 프로젝트를 격려하는 일이 가장 중요하다.

우리와 인터뷰한 자녀들은 대체로 자유 시간을 열정 프로젝트를 펼치는 데 할애했고, 이때 마스터 부모는 이들이 필요로 하는 수단과 기회를 챙겨주었다. 예를 들어, 열정 프로젝트가 파충류였던 외교관 데이비드 마르티네스의 부모는 아들과 함께 사막에서 몇 시간을 돌며 도마뱀 알을 수집해주곤 했다.

"차를 타고 고속도로를 달리다 제가 아빠에게 저 뒤쪽 바위에서 도마뱀을 봤다고 말하면 아빠가 확인해보자며 차를 돌렸는데 가보면 정말 있었어요." 데이비드가 그때를 떠올리며 말했다.

데이비드 친구들의 부모는 자녀의 관심사를 그만큼 배려해주지 않았다고 한다. "친구들의 부모님은 이를테면 이런 식으로 나왔어요. '파충류라고? 그건 좀 그런데. 뱀은 징그럽잖아. 개는 어떠니? 아니면 물고기도 괜찮고.'"

"하지만 저희 부모님은 달랐어요. 제가 아주 어릴 때부터 관심을 가진 분야라는 걸 알고 격려해주셨어요. '우리 아들이 공룡 이름을 얼마나 많이 아는지 한번 들어볼까?', '여기 이 퍼즐 좀 봐봐. 150 피스짜리 퍼즐인데 다 맞추면 열대 우림의 온갖 개구리들이 다 있대.' 그러면 전 당연히 응했죠. 파충류에 온 관심이 쏠려 있었으니까요. 어린 저의 세상에서 파충류는 정말 끝내주는 대상이었어요.

부모님은 제 관심사를 통해 지능과 사고력을 키워주려고 신경을 많이 써주셨어요."

꿈을 완성하는 두 가지 자질

이렇게 자녀의 열정 프로젝트를 격려해주면 자녀는 두 가지 중요한 자질을 키우게 된다. 첫 번째는 과업완수 지향성이다. 말하자면 자신이 마음먹고 시작한 일이 힘들더라도 좌절하는 게 아니라 의욕을 자극받는, 내면의 추진력이다.

두 번째는 주체 의식으로, 자신에게는 목표 의식을 갖고 행동할 권리와 책임이 있다고 의식하는 자질이다. 성공한 자녀들은 한 명의 예외도 없이 자신이 적극적으로 선택한 취미활동을 왕성히 펼치면서 호기심을 채우고 상상력을 키웠다. 또한 그 과정에서 특별한 마음가짐과 행동을 습관으로 들이게 되었다.

판사였던 데이비드의 어머니 로우는 데이비드가 파충류에 푹 빠져, 파충류에 관한 교양과 전문지식을 쌓아가던 모습이 아직도 눈에 선하다고 한다. "아들이 2학년인가 3학년 때부터는 과학전문지를 구독해줬어요. 열 살 때부터는 대학교에 데려가 달라고 자주 졸랐어요. 그러던 어느 날 대학에서 파충류 학자들의 회합이 있었어요. 교수가 특정 도마뱀과 관련된 회의를 진행하는 중이었는데 데이비드가 손을 들더니 발언을 했어요. '라스 크루스에 있는 친구

집에서 그 도마뱀 봤어요.' 교수는 멀뚱히 아들을 바라보며 대답했어요. '글쎄, 그건 좀 말이 안 되는데. 서부 텍사스 일부 지역에서는 자취를 감추었거든.' 데이비드는 자기 말이 무시당하자 기분 상해했어요. 그런데 두세 달쯤 지나서 그 교수가 아들에게 전화를 걸어와 물었어요. '그 도마뱀을 본 데가 어디라고?' 데이비드는 주소를 알려주었고 교수는 그 도마뱀을 주제로 논문을 썼어요. 데이비드 말이 맞았던 거예요. 그 도마뱀이 철에 따라 이동하며 뉴멕시코주로 서식지를 옮긴 거였어요."

어느새 데이비드는 그 도시에서 파충류 박사로 유명해졌다. "여기저기의 애완동물 가게에서 아들에게 전화를 걸어왔어요. 가게에 있는 파충류가 어떤 종인지, 암컷인지 수컷인지를 물어보려는 전화였죠. 그러면 데이비드는 가게에 직접 찾아가서 알려줬어요. 그 정도로 파충류에 대해 훤하게 꿰고 있었다니까요."

파충류에 대한 데이비드의 관심이 그러했듯 유년기의 열정 프로젝트가 성인기까지 이어지지 못하더라도 이때 키운 과업완수 지향성은 어떤 분야로 진출하든 간에 든든한 자산이 되어준다. 실제로 데이비드도 말하길, 어릴 때 파충류 상식을 정복하고자 공부한 무수한 시간 덕분에 나중에 다른 기량을 익혀야 할 때 얼마든지 해낼 수 있다는 자신감이 솟았다고 한다.

우리와 인터뷰를 나눈 사람들 가운데는 열정 프로젝트를 펼치며 쌓은 기량들이 미래의 진로에 직접적인 자산이 된 경우도 있었다.

데이비드의 남동생 다니엘은 형이 파충류에 푹 빠졌던 것처럼 롤러코스터에 열광했다. 가족 휴가를 떠날 때마다 어머니와 아버지를 졸라 근처 놀이공원에 가서 그곳의 롤러코스터는 어떤지 직접 확인해봤다.

그러다 보니 어느새 50개나 되는 롤러코스터를 타보게 되었다. 그중에서도 다니엘이 제일 좋아했던 것은 식스 플래그 매직 마운틴의 바이퍼였다. "그 롤러코스트는 정말 끝내줬어요. 일곱 바퀴를 회전하는 최신형이었죠."

다니엘이 처음부터 롤러코스터에 열광했던 건 아니다. "처음엔 무서웠어요. 형이 용기를 줘서 겨우 탔죠. 떨어질 때 너무 무서울 것 같았는데 막상 타보니 재미있고, 한 바퀴 회전할 때의 느낌도 좋았어요. 이후로 전 롤러코스트란 롤러코스트는 다 타보고 다녔어요. 지금까지 제가 안 가본 놀이공원은 오하이오주에 있는 딱 한 곳뿐이에요."

다니엘은 롤러코스터에 관한 한 모르는 정보가 없었다. "이 롤러코스터는 높이가 67미터고 낙하 길이가 18미터에 최고속도가 시속 129킬로미터까지 나와."

그렇게 공부하다 보니 과학과 수학 기량을 익히게 되면서 어느새 두 과목을 좋아하게 되었고, 자연스레 기계공학을 전공하게 되었다. "중학생 때부터 롤러코스터 설계자가 되고 싶었는데, 그러려면 기계공학을 전공하는 게 좋을 것 같았어요."

유년기부터 품어온 관심사가 더 구체적인 진로 계획으로 발전된 셈이었다. 대학 재학 중에 롤러코스터 설계자가 되는 꿈은 접었지만 그는 이렇게 고백한다. "롤러코스터 설계자가 아니더라도 공학자가 되면 흥미롭고 보람된 일들은 많을 것 같았어요. 롤러코스터에 빠졌던 이유도 흥미와 뿌듯함 때문이었으니까요."

이처럼 자녀의 관심사를 향한 부모의 격려와 지원은 자녀의 전문적 역량을 키울 기회를 주며, 성공의 유용한 자산인 진취성과 자신감을 자라게 한다.

유엔 사무총장에게 편지를 쓰다

산구의 어린 시절 열정은 중대한 문제에 대한 해답 찾기였다. 아버지가 그런 열정을 진지하게 받아준 덕분에 산구는 답을 찾을 수 있다는 자신감을 키우며 성장했다. "지금도 기억나요. 르완다에서 벌어지는 전쟁과 학살에 관한 뉴스를 보다가 제가 아빠에게 물었어요. '그런데 왜 유엔에서는 아무것도 안 하고 가만히 있는 거예요?' 그 말을 듣고 아빠 이러셨어요. '글쎄, 코피 아난 유엔 사무총장에게 편지를 써서 물어보지 그러니?' 그래서 전 정말로 편지를 써 보냈어요."

산구가 겨우 여섯 살 때의 일이었다.

산구는 열네 살 때 부모님에게 가나를 떠나겠다는 뜻을 밝혔다. 목적지는 미국의 기숙학교였다. "부모님께는 따로따로 말씀드렸어요. 어머니에게는 이렇게 말씀드렸어요. '이젠, 준비가 된 것 같아요.'"

　산구는 뉴저지주 소재의 학교에 혼자 알아서 입학 지원을 했다. 전액 장학금 대상자로 합격한 후에는 스스로 비자를 발급받았고, 그동안 동급생들에게 학습 지도서를 만들어주면서 번 돈으로 비행기 티켓을 샀다.

　"아버지에겐 떠나기 일주일 전에 말씀드렸어요. '이제 미국으로 떠날 생각이에요.' 아버진 히죽 웃는 표정만 지어보이곤 아무 대꾸가 없으셨어요." 몇 년이 지나서야 산구의 아버진 당시에 놀라면서도 기분이 좋았다고 털어놓았다. 산구의 주체 의식이 대단해보였기 때문이다. 이 주체 의식은 훗날 산구가 저개발 지역을 위한 기금 모금 캠페인을 벌이는 데에 원동력이 되었다.

미래의 자아상 그리기

　정체성 기반 동기(개인의 자아개념이 그 사람의 목표와 행동에 미치는 영향)에 대한 연구로 유명한 서던 캘리포니아대학교의 사회 심리학자 대프나 오이서먼과 그녀의 연구팀은 청소년들이 현재 자아와 미래 자아 사이의 연관성을 이해하고 있는지에 대해 관심을 가졌다. 오이서먼은 확실한 미래 자아상을 세우는 청소년일수록 이를 성취하기 위해 주체성을 발휘하고 과업완수를 위해 노력할 것이라 생각하고 이에 대해 연구하기 시작했다.

　오이서먼은 일련의 실험에서, 중학생들을 처치집단과 통제집단으로 나눈 후 두 그룹에게 서로 다른 시각화를 유도했다. 예를 들어 한 실험에서는 처치집단의 학생들에게 본받고 싶은 사람의 사진을 활용해서, 자신의 미래 자아를 위해 현재 어떤 행동을 해야 할지에 대해 토론해보게 했다.

　매 실험을 관찰한 결과, 자신의 미래 자아를 상상했던 그룹이 그러지 않았던 또래 그룹보다 더 열심히, 더 끈기 있게 노력했다. 예로, 한 실험 이후에는 미래에 대한 생각을 현재의 생각과 융합시키도록 지도받았던 그룹이 성적이 좋아졌는가 하면, 숙제에 더 많은 시간을 할애하고, 수업 출석을 더 잘하고, 표준화 시험에서도 더 높은 성적을 냈다.

　이 실험의 시사점은 무엇일까? 오이서먼의 연구결과는 청소년이 미래를 더 뚜렷이 상상해볼수록 주체 의식이 더욱 강화되고 과업완수의 의지가 더욱 자극받는다는 개념에 힘을 실어준다. 이는 주체 의식과 과업완수 의지가 미래의 성공에서 유용한 자산임을 감안할 때 특히 더 주목할 만한 연구결과이다.

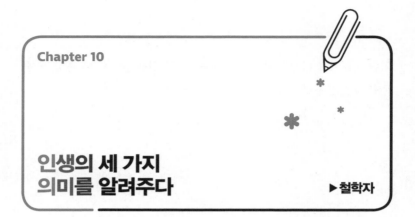

Chapter 10

인생의 세 가지
의미를 알려주다

▶ 철학자

기업가이자 자선가인 산구 델레는 가나에서 지낼 때 의사였던 아버지와 같이 아리스토텔레스와 소크라테스의 철학과 성경을 주제로 깊이 있는 토론을 벌일 때가 많았다. 델레 박사는 외딴 마을로 왕진을 자주 나갔지만 집에 있는 날엔 산구와 많은 시간을 보냈다.

아버지가 목욕을 할 때면 산구는 아버지 등을 닦아주며 잇달은 질문으로 꼬치꼬치 캐묻곤 했다. 10분밖에 안 되는 시간이었지만 중요한 것은 대화의 길이보다 대화의 깊이였다.

"산구는 자신이 왜 태어났는지, 언제 죽게 될지, 또 죽고 나면 무슨 일이 일어날지를 궁금해 했어요. 기독교 정신에 대한 의문을 자주 가지며 열심히 질문을 던졌죠."

한번은 어린 산구가 예수님 이야기를 읽다가 생겨난 의문을 토론해보고 싶어 했다. "제가 아버지에게 물었어요. '가장 중요한 미덕이 뭐예요?' 그랬더니 아버지가 이러셨어요. '쉽지 않은 질문이구나.'"

이틀이 지나서 산구의 아버지는 질문의 답을 해주었다. "겸손함이란다." 하지만 어린 산구는 더 꼬치꼬치 물었다. "왜 겸손함인데요?"

델레 박사는 유치원생 나이의 아들이 자신처럼 고통을 해소하는 문제에 의무감을 갖게 해주고 싶었다. 겸손함이 가장 중요한 미덕이라고 답해준 이유도, 똑똑한 아들에게 자신보다 불우한 사람들, 특히 집에 찾아오는 난민들을 보며 우월감을 가져선 안 된다고 가르치기 위해서였다.

하지만 또 다른 이유도 있었다. 델레 박사는 겸손함이 성취를 위한 노력을 이어가도록 이끌어주는 근원이라고 믿었다. "자신의 최고치에 이르렀다는 생각을 해서는 안 됩니다. 그래서 산구에게 칭찬을 많이 해주지 않았어요. 성공과 지적 성취에는 한계가 없으니까요."

산구는 많은 성취를 이루어낸 현재도 이렇게 말한다. "전 칭찬보다는 비판을 받고 싶어요. 아부를 들으면 불편해요. 종말의 씨앗이 될까 봐 늘 오만을 경계하기도 합니다."

인생의 목적

델레 박사는 철학자 역할을 탁월하고 전략적으로 잘해냈다. 철학자 역할은 자녀가 인생의 목표와 의미를 찾도록 유도해주는 일로, 윤리, 인간 본성, 존재에 대해 토론을 하며 자녀가 신념을 세우고 노력의 방향을 정하도록 도와준다.

"저희는 이런저런 주제로 뜨거운 토론을 벌이곤 했어요. 산구의 나이에 비해 너무 앞서 나가는 주제더라도 제외시키지 않았어요. 아직 어리긴 해도 그런 주제가 산구의 세계관을 키워주는 데 중요할 것 같아서였죠."

"아버진 저와 이야기를 나눌 때 저를 늘 어른처럼 대우해주셨어요. 아침 토론을 나누던 시기부터 그러셨던 것 같아요."

물론 모든 자녀가 이러한 대화에 수용적인 것은 아니다. 조기학습 파트너가 적극적으로 호응하는 자녀와 상대적으로 더 많은 시간을 보내는 것처럼, 철학자도 산구처럼 부모가 말해준 대답을 깊이 생각했다가 더 많은 질문을 던지는 자녀에게 관심을 둔다.

이쯤에서 델레 박사의 말을 들어보자. "산구는 인생의 목적을 궁금해했어요. 산구에게 철학을 알려준 이유도 그러한 궁금증 때문이었죠."

델레 박사가 산구에게 가르쳐준 철학 지식에는 위대한 인물들에게 영향을 미쳤던 고대 사상이 포함되어 있었다. 그중 하나는 세계에서 가장 오래된 철학서로 평가받는 힌두교의 성전 『바가바드 기타Bhagavad Gita』의 사상이다. 마하트마 간디는 『바가바드 기타』를 읽고 나면 언제나 평안을 느낀다고 말했고, 알베르트 아인슈타인도 『바가바드 기타』를 읽으면 "그 외의 다른 글들은 굳이 읽을 필요가 없을 것 같다"고 말했다.

『바가바드 기타』의 힘은 이야기의 구성에서 나온다고 말해도 무방하다. 판다비족의 왕자 아르주나와 그의 마부이자 스승인 크리슈나가 충만한 삶으로 이끌어주는 불변의 원칙을 놓고 토론하는 서사적 대화가 굉장히 흡인력 있다. 이 두 사람이 내린 인생에 대한 세 가지 결론은 이후 수많은 철학자들에게 영향을 미쳤다.

- 통찰의 추구
- 성공의 추구
- 공감할 의무

이 세 가지 결론은 우리가 인터뷰한 마스터 부모들이 자녀들에게 가르친 인생철학, 깊이 있게 이해하기, 가난 피하기, 다른 사람들이 더 나은 인생을 살도록 도와주기에 스며들어 있는 개념이다.

인생철학 하나 : 깊이 있게 이해하기

마스터 부모들 중에 깊이 있는 이해를 위한 탐구에 가장 매진했던 이들은 어린 시절 영특했지만 환경이나 자신의 문제, 아니면 이 두 요인 모두로 꿈이 막힌 경험이 있는 부모였다. 이들은 대개 이민자 부모로, 자녀가 성공하는 일이 과연 현실적으로 가능한지, 그런 성공을 이루려면 어떻게 도와줘야 하는지 알지 못했다. 이러한 부모들로선 자녀에게 해줄 수 있는 가장 중요한 일은 지성의 가치에 눈뜨게 해주는 것이었다. 다시 말해 차 안에서든, 도서관에서든 머리를 써서 깨닫게 되는 순간의 만족감을 알게 해주는 것이었다.

리사 손의 아버지도 그런 부모였다. 리사의 부모는 둘 다 한국에서 대학을 나왔지만 미국으로 이민을 오면서 처음부터 다시 시작해야 했다. 생활비가 빠듯해 살던 집에서 나와야 했던 적도 여러 번이었다. 리자의 아버지는 정치학을 전공하고 저널리즘 분야 학위도 취득했지만 영어가 유창하지 못해 미국에서 기자로 활동할 수가 없었다. 그래서 택시 운전을 하며 창고, 신발 가게, 주유소에서의 일도 병행했다. 리사의 어머니는 어렵사리 간호사로 취직해 집안의 생계를 주로 책임졌다. 리사는 당시를 이렇게 회고했다. "이민가정의 전형적인 생활이었어요. 두 분 모두 밤 10시까지 일하셨죠."

부모가 학교를 방문한 경우는 오빠가 자주 불려갔던 교장실에서 면담 요청을 받았을 때뿐이었다.

"부모님은 당시 학부모에게 별 권한이 없는 한국식 방식에 더 익숙하셨기 때문에 학교에 잘 오시지 않았어요."

리사의 어머니는 리사가 더 나은 인생을 누리길 원하는 마음에,

딸의 성적에 신경을 썼다. 하지만 아버지는 관심이 덜한 편이었다. 한국에서 애써 대학을 나왔지만 헛공부한 셈이 되었으니 그럴 만도 했다.

하지만 리사의 아버지는 자녀들에게 사색하는 방법을 길러주어 세상에 대한 지적 체험을 이끌어준 면에서는 양육 고수였다.

어린 리사에게 아버지는 세상에서 가장 똑똑한 사람이었다. 그는 소심하고 말이 없는 딸에게 한국의 역사를 가르치고 자신의 살아온 이야기를 들려주었다.

이쯤에서 자녀들에게 답을 알려주지 않는, 리사의 남다른 교육 전략을 떠올려보자. 리사는 딸에게 'crazy'라는 단어의 어미가 y와 ie 중에 어떤 것인지 스스로 풀게 했고, 어두운 곳에 서서 공에 손전등을 비춰주며 딸이 뉴저지는 밤인데 한국은 아침인 이유를 스스로 깨우치게 유도해주었다. 그녀는 명문대인 컬럼비아대학교와 버나드 칼리지에서 학습심리학을 배웠지만 어디에서도 이러한 교육 방식은 배운 적이 없다. 사실 이 방식은 그녀의 아버지를 통해 아이디어를 얻은 교육법이다. 리사의 아버지는 차에 딸을 태우고 시내를 돌 때면 생각을 자극하는 질문을 던졌는데, 대답이 맞는지 틀렸는지를 한 번도 알려준 적이 없었다.

"아빠는 제가 아주 어렸을 때부터 산수와 물리학에 관련된 질문을 자주 하셨어요. 이런 식이었죠. '자, 지금부터 속도를 줄이면 어떨까. 처음엔 시속 80킬로미터로 달리다가 이쯤에서부터 속도를 줄이면 얼마나 느려질 것 같아? 여기까지 줄이면 시간이 얼마나 걸릴까?' 그러면 저는 나름대로 생각을 해봤어요. 그러곤 '시속 32 킬로미터요?' 같은 대답을 했어요. 그러면 아버진 '그래. 계속 생각해보렴.' 그것으로 끝이었어요. 매번 이런 개방형 질문이었어요."

리사의 아버지는 아이들이 다른 사람에게 들어서 알기보다는 스스로 알아내는 식으로 새로운 것을 깨우쳐야 한다고 믿었다. 게다가 자녀들이 놀면서 배우게 하는 재주가 뛰어났다.

"오빠와 저는 밥을 먹기 전에 구구단을 외워야 했어요. 그때가 유치원에 들어가기도 전이었는데 한국에서는 보통 다 그래요. 그래서 오빠와 저는 일어나서 '2 곱하기 1은 2, 2 곱하기 2는 4, 2 곱하기 3은 6'을 쭉 외웠어요. 그리고 다음 주엔 3단을 외웠고 그런 식으로 12단까지 갔죠. 저희 남매는 그것을 암기 게임으로 생각했어요. 구구단을 재미있는 놀이로 생각했죠! 제 아이들에게 이 방법을 그대로 시키고 있어요. 그래서 애들이 다른 애들보다 진도가 조금 앞서 있죠."

아버지의 교육 목표는 리사가 자신의 자녀들을 위해 세운 목표와 마찬가지로, 스스로 생각할 줄 아는 통찰력 있고 현명한 사람으로 키우는 것이었다.

리사의 아버지는 의도적이기도 했다. 수년에 걸친 철저한 자기 관리로 끈기를 발휘할 때 과업완수의 결실을 얻게 된다는 교훈을 배우도록 리사를 잘 유도해주었다(사실, 과업완수는 깊이 있는 이해의 또 다른 표현이다).

다음은 리사의 말이다. "전 운동을 정말 좋아했는데 제가 여덟 살 때 처음 테니스를 가르쳐준 사람이 바로 아버지였어요."

그는 딸에게 나무 라켓을 사준 후 여름 내내 매일 2시간씩 같이 테니스를 쳤다. "생각해보면 그때부터 중학생 때까지 쭉 여름마다 아빠랑 같이 테니스를 쳤어요. 처음으로 완벽한 자세를 잡게 된 순간에도 아빠가 계셨죠. 그때 전 라켓으로 공을 쳐서 네트 바로 위로 넘기려면 몸을 어떻게 움직여야 하는지를 알게 됐죠."

딸에게 끈기의 열매를 가르쳐주려던 오랜 격려가 마침내 정점에 이른 것이었다. "아빠는 한없는 끈기로 기다려주셨어요. 전 여덟 살 때 시작하여 열두 살이 되어서야 요령을 이해했는데 그때 속으로 생각했어요. '됐어, 이제 이 스윙 요령을 잊지 말아야지.'" 어린 리사는 끈기 있게 노력한 덕분에 라켓이 공을 정확히 칠 때 나는 맑고 깨끗한 소리의 경지에 이를 수 있었다.

끈기 가르치기는 리사의 아버지가 취한 전략적 철학에서 큰 부분을 차지했다. "아빠는 입버릇처럼 말씀하셨어요. '계속 하다보면 저절로 알게 된다.' 또 '누구나 다 할 수 있지만 사람마다 두뇌가 다르기 때문에 필요한 시간이 다르다. 하지만 그렇더라도 지식은 여전히 그 자리에 있으니 계속 노력하면 된다'라는 말도 자주 하셨어요. 전 언젠가 이런 생각을 했어요. '그래, 난 모든 것을 알고 있어. 그것을 잘 끄집어낼 준비만 갖추면 돼.' 그런 마음으로 절대 포기하지 않았어요."

인생철학 둘 : 가난하게 살지 않기

우리와 인터뷰한 마스터 부모들 대다수가 자녀에게 가르친 두 번째 철학은 '가난하게 살지 말라'는 것이었다.

이 철학은 불우한 환경의 아이들에게만 해당되는 얘기가 아니다. 아네트 라루가 저소득층뿐만 아니라 중산층 가정까지 두루 조사해본 결과에 따르면, 중산층 부모들도 사회적 지위를 유지하기 위해 갖춰야 할 행동지침을 자녀들에게 가르친다고 한다.

중산층 부모들로선 자녀들에게 굳이 '가난하게 살지 말라'고 얘길 할 필요가 없다. 하지만 자렐의 어머니같이 가난한 부모들은 자녀들에게 직접적으로 말했다. "너희는 이렇게 살면 안 돼."

이러한 이야기가 누군가에게는 불쾌하게 느껴질 수도 있지만, 여기에는 자녀를 기분 나쁘게 하거나 비슷한 환경의 사람들을 깎아내리려는 의도는 없다. 단지 전략적인 의도일 뿐이다. 가난은 기회 접근의 큰 장벽이다. 마스터 부모가 자녀들에게 바라는 자아실현을 위해 자녀가 가장 먼저 지녀야 할 믿음은 '가난으로 인한 한계는 피할 수 있고, 피해야 한다'는 것이다.

파멜라, 자렐, 개비 같은 자녀들의 경우 부모가 이러한 생각을 심어주지 않았다면 현재 다른 삶을 살고 있을지 모른다. 생활고에 허덕이면서 가난 때문에 걸핏하면 냉대를 받던 마스터 부모들에게 배움을 위한 배움은 사치였다. 그들에게 학업 성취의 절박한 목적은 인생에서 더 좋은 기회를 얻어 다시는 가난하게 살 일이 없게 하려는 데 있었다.

자렐의 어머니 엘리자베스는 철학자 역할을 통해 자렐에게 가난에서 벗어나기 위해서는 할 수 있는 한 공부를 잘해야 한다고 가르쳤다. 그런 얘기를 틈날 때마다 자주, 그리고 직접적으로 말해주는 동시에 적절한 학교와 노숙인 쉼터를 고르기 위해 언제나 끈기 있게 매달리고, 교사들과 꾸준히 연락하며, 여러 학습 기회를 마련해주었다.

리사 손의 어머니 역시 자녀가 자신처럼 경제적 어려움을 겪으며 살지 않게 해주고 싶었다. 리사의 아버지가 배움 그 자체를 중요시했던 반면, 리사의 어머니는 배움을 더 나은 인생에 이르는 길로 여겼다. 이러한 관점의 차이는 가족의 생계비를 그녀가 책임졌기 때문일지도 모른다.

리사의 어머니는 아이들이 참가하게 해달라는 특기개발 활동이 생기면 언제나 그 비용을 마련하기 위해 애썼다. 한번은 리사가 고등학생 때 라크로스팀에 들어가고 싶어 해서 딸과 함께 스포츠 용품점에 간 적이 있다. 하지만 계산대에서 신용카드가 모두 승인 거절되고 말았다. "그때 어머니도 울고 저도 울었어요." 리사는 다시는 그러한 상황을 겪고 싶지 않았다. 그러다 마침내 공부를 잘하는 것이 경제적 안정을 얻는 최선의 길이라고 여기게 되었다.

결과적으로 경제적 능력을 갖추기 위한 리사의 진로는 어머니가 의도한 방향과는 다르게 흘러가긴 했지만 그 저변의 철학은 여전히 '경제적 안정이 중요하다'는 것이었다.

파멜라는 여자가 남자에게 경제적으로 의존하는 문화에서 자랐고 그런 의존성 때문에 올가미에 매어 있는 기분일 때가 많았다. 그래서 할머니가 입이 닳도록 가르친 대로 자립심을 키우는 것이 파멜라의 가장 큰 꿈이었다.

"제 소원은 언제나 저만의 방을 갖는 거였어요." 이 소박한 목표가 파멜라를 정진시킨 원동력이었다.

할머니 아부엘리타는 파멜라에게 경제적 자립을 얻으면 마음 줄이며 살 일이 없을 거라는 확신을 심어주었다. "할머닌 자주 이러셨어요. '결혼은 선택이 되어야 해. 아이들을 키우기 위한 안정적인 기반 때문이라거나 그 외의 다른 이유로 억지로 결혼할 생각은 하지 마라. 이 할민 네가 경제적 여유가 있어서 함께 하고 싶은 사람을 네 마음 가는 대로 정할 수 있었으면 좋겠어.' 어떠한 사람들에겐 그 말이 사기를 높여줄 만한 말이 아니었을 테지만 저에게는 크게 와 닿는 말이었어요."

인생철학 셋 : 세상을 더 나은 곳으로 변화시키기

세 번째 철학의 논지는 세상을 더 나은 곳으로 변화시키는 것을 인생의 목적으로 삼으라는 것이었다. 이러한 철학을 지지한 부모들의 대다수는 상대적으로 불우한 배경을 딛고 성공을 거둔 사람들이었다. 그들은 자녀를 가르칠 때 모든 사람이 공평한 기회를 누릴 수 있는 것은 아니며, 따라서 세상을 더 나은 곳으로 변화시킬 의무감으로 뭔가를 해야 한다는 점을 강조했다.

외교관인 데이비드 마르티네스의 부모는 둘 다 법조계에서 성공을 거둔 사람들이다. 하지만 둘 다 그다지 좋지 않은 환경에서 자랐다. 어머니 로우는 뉴멕시코주의 빈민사회 출신이었고, 아버지 리는 텍사스주 오데사의 부유하지만 학대적 분위기의 백인 가정에서 자랐다. 부부는 아이들에게 고생이 어떤 것인지를 이해시키는 문제를 중요시했다.

리의 말로 직접 들어보자. "저희는 아이들에게 누누이 당부했어요. 받은 은혜가 많으면 그만큼 책임도 크다고요. 저희 부부는 사회 전체를 위해, 모두를 위해 옳은 일을 행할 책임감을 가르치려 노력했고, 두 아들 모두 저마다의 방식으로 그러한 책임을 이행했다고 생각해요."

리와 로우는 자녀들과 함께 지역 무료급식소에서 자원봉사도 하고 교회 활동에도 적극적으로 참여했다.

이번엔 데이비드의 말을 들어보자. "전 미사에서 사제를 돕는 복사(服事)와 성구 낭독 봉사 일을 했어요. 여름 성경학교 때는 저보다 어린 애들을 가르치기도 했어요. 제가 축구를 엄청 좋아해서 축구 지도도 맡았는데 저한테 정말 잘 맞는 일이었어요."

데이비드는 부모의 영향으로 대학교에 들어가서 자원봉사 활동을 활발히 펼쳤고, 애리조나대학교 경영대학에 '변화를 만드는 날(Make a Difference Day)'을 출범시켜 해마다 1,400명의 자원봉사자를 모집하고 있다. 데이비드는 자신의 동기에 대해 이렇게 말했다. "이러한 동기의 근원은 다른 사람들을 돕는 일이 나의 의무라는 의식입니다."

데이비드는 대학 재학 중에 포춘 500대 기업에 뽑힌 회사에서 인턴십 과정을 마쳤던 때를 떠올리며 그 일이 즐거운 경험이긴 했으나 충족감을 주진 못했다고 말했다. "밤마다 침대에 누워 그 경험이 제가 평생 직업으로 삼으려는 일의 요약판이면 어쩌지, 하는 생각을 했어요." 데이비드는 6개월 뒤에 평화봉사단에 들어가 활동하다가 외교정책을 전문적으로 배우기 위해 하버드대 대학원 과정에 지원해 합격했다.

"한때 존경을 받으며 대사 임무를 수행한 하버드대 교수가 저에게 이러한 조언을 해주셨어요. 제가 사무실에서 하는 일이 아니라 긴급한 일들이 벌어지는 현장에서 더 의미를 찾을 거라고요."

그리고 정말로 그 교수의 말이 맞았다. 데이비드는 서른두 살의 외교관이던 2013년부터 2014년까지 바그다드로 파견 가서 이라크전 중에 미국을 도와준 이라크 시민들을 가려내고 비자를 발급해주는 미국의 외무부 관리로 활동했다. 이민 허용 대상과 비허용 대상을 결정하는 것이 그의 일이었다.

"사람들이 폭행당하거나 칼에 찔린 가족의 사진, 반역자는 죽음을 맞을 것이라는 스프레이 낙서가 쓰인 집의 사진을 제출했어요. 셔츠를 젖혀 올려서 칼에 찔리거나 총에 맞은 상처를 보여주며 이슬람 테러리스트들의 짓이라고 말하는 사람도 있었죠. 그 사람들이 아직도 생각나요. 어머니와 아버지가 늘 말씀하셨던 '큰 권한에는 큰 책임이 따르는 법'이라는 교훈이 정말 맞아요. 어렸을 때는 그 말이 따분하게 들렸지만 그 자리에 앉아서 그들이 눈물 흘리는 모습을 본다고 생각해보세요. 그리고 이런 얘기까지 듣게 되는 거예요. '저들이 언제 들이닥쳐서 저를 죽이고 제 아이들을 데려갈지 몰라요.' 그럴 때 책임감의 무게는 그 순간으로 끝나는 게 아니에요. 자신의 손에 그런 중대한 문제가 맡겨져 결정을 내려야 한다면 어떨지 생각해보세요."

데이비드의 부모처럼 산구의 아버지 역시 어려운 시기를 딛고 크게 성공한 사람이었다. 델레 박사는 가나 북부에 자리 잡은 나돔이라는 빈촌에서 86명의 자녀 중 한 명으로 자랐다. "그 시절엔 일부다처제가 흔했어요." 아버지가 돌아가신 후 델레 박사를 가르치던 교사들이 그를 입양했다. "선생님들이 제 잠재력을 알아보고 저를 데려다 키워주셨어요. 그분들께 정말 큰 은혜를 입었죠."

어릴 때 길거리에서 고기 케밥을 팔던 소년은 이후 이탈리아로 유학 가서 의학을 공부했다. 이곳에서 델레 박사는 유럽 대사들의 진료를 맡았다. 훗날 교황 요한 바오로 2세가 되는 추기경을 멘토로 모시기도 했다. 테레사 수녀도 멘토이자 벗이었는데, 이탈리아를 떠나 아프리카로 돌아가 인권운동을 하라고 용기를 북돋워준 사람이 바로 테레사 수녀였다. 그렇게 돌아온 가나에서 의료 활동으로 버는 평균 연소득은 1만 2,000달러에 불과했지만 대다수 국민에 비하면 아주 높은 소득이었다.

델레 박사 같은 부모들은 힘들게 얻은 유리한 조건을 자녀들에게 전해주는 것은 뿌듯하지만, 자녀들이 이를 당연하게 받아들이는 것만큼은 용납하지 않았다.

"전 산구에게 인생과 세상의 현실에 대해 있는 그대로 이야기해줬어요." 적나라한 세상사를 듣고 자라면서 산구는 세상이 부당하다고 느꼈고, 그러한 부당함을 개선시키는 데에 일조할 책임감도 의식하게 되었다.

자렐의 인생 목표

엘리자베스에게는 자렐에게 심어주려 애썼던 가장 중요한 메시지 하나가 있었다. 학교에서 공부를 잘해 가난에서 벗어나야 한다는 메시지였다. 그리고 엘리자베스의 바람대로 자렐은 공부를 잘했다. 하지만 자렐은 자신 외에도 기회가 필요한 불우한 환경의 아이들이 많다는 사실을 의식했다. 자렐이 할 수 있는 한 최상의 교육을 받고 싶었던 목적은 다른 가난한 흑인 아이들에게 그들도 자신같이 교육받을 자격이 있다는 것을 보여주기 위해서뿐만 아니라 그런 교육을 받도록 직접 도와주기 위해서기도 했다. 그것이 바로 그의 인생 목표가 되었다.

이러한 인생 목표에 의욕이 불붙기 시작한 것은 열다섯 살 때였다. 말하자면 교외에 위치해 있고 학생 대다수가 백인인 호킨 스쿨에 합격했을 때부터였다. 교사들과 어른들은 하나같이 자렐에게 똑같은 얘기를 했다. 호킨 스쿨에 다닌다는 것은 최고의 수재들과 공부하게 되는 것이라고. 자렐은 이렇게 명성 자자한 학교에서 지성을 연마하게 된 것이다.

"기대됐어요. 항상 최고에 올라서고 싶었으니까요. 그래서 생각했죠. '호킨 스쿨 학생들은 대단한 애들이겠지.' 그런데 막상 호킨 스쿨에 가서 보니까 그곳 아이들이 딱히 더 똑똑하지도 않더라고요. 그 애들은 그냥 과외교사를 포함한 온갖 기회를 누리고 있던 거였어요."

자렐은 호킨 스쿨에서의 학습 기간을 마친 후 다시 예전 고등학교이자 학생 대부분이 흑인인 마그넷 스쿨로 돌아왔다.

"영어 수업을 듣고 있을 때 선생님이 저를 보셨어요. 제 얼굴 표정을 살피시더니 이러셨어요. '자렐, 슬퍼할 거 없어. 여기도 그렇게 나쁜 학교는 아니야.' 하지만 솔직히 말해서, 하나도 슬프지 않았어요. 오히려 화가 났어요. 평생 뭔가를 얻으려면 열심히 해야 한다는 마음으로 살아왔는데 뭔가를 얻지 못하게 된 이유가 열심히 하지 않아서가 아니라 돈이 없어서였으니까요. 그런데다 사람들이 저보다 더 뛰어나다고 했던 아이들이 막상 가서 보니까 그렇지 않았어요. 그 애들은 그냥 돈이 더 많았던 것뿐이었어요.

그래서 다시 돌아와 콜퍼 선생님의 수업을 들으면서 현실을 똑바로 마주하게 되었죠. 돈 때문에 기회를 제대로 못 누린다니, 공평하지 못하다는 생각이 들었어요. 우리는 모두 흑인이고 그 애들은 대부분 백인이라는 것도 그렇고요. 그게 어느덧 15년 전 일인데도 여전히 그때 느꼈던 분노가 생생해요."

하지만 자렐은 그것이 꼭 인종 문제는 아니라고 덧붙였다. "저는 평생에 걸쳐 백인들의 도움을 받아왔어요." 그것은 인종 문제라기보다는 계층과 불평등의 문제였다. 호킨 스쿨에 다니는 극소수의 중산층 흑인 아이들이 자렐 같은 아이들을 대할 때 백인 아이들만큼이나, 아니면 그들보다 훨씬 더 오만을 부리는 경우도 있었다.

자렐은 호킨 스쿨을 처음 방문할 때 느꼈던 부유함과 특권 의식의 분위기가 아직도 생생하다. 세상이 뭔가 잘못되어 있었고 그것을 고쳐야 한다는 마음이 들었다.

자렐은 빈민가에서 자란 것을 가치 있는 체험이라고 믿었지만, 호킨 스쿨의 재학 경험과 이후 하버드대에 다니며 학비를 보태기 위해 했던 아르바이트 경험도 세상을 바라보는 관점을 넓혀준 경험이라 여겼다. "세상을 다양한 사람들이 가진 다양한 관점에서 바라보게 되었어요. 그래서 저는 서로 교감한 적 없는 두 세계를 연결시키는 일을 과업으로 삼고 있습니다. 이 문제에서 제가 취한 관점은 이겁니다. 약자 입장에서 볼 때 우리 사회의 최하층이 더 나은 인생을 살기 위해서 내가 뭘 할 수 있을까?"

자렐은 현재 시카고의 한 학교에 교장으로 있으면서 가난한 아이들에게 스스로 가난에서 벗어날 방법을 가르쳐야 한다는 의무감을 철학으로 삼고 있다. 자신의 어머니가 자신에게 해준 그대로 학생들에게 해주고 있는 것이다.

철학자 부모가 자녀에게 주는 선물

마스터 부모의 최종 목표가 자녀를 충만한 자아실현을 이룬 성인으로 키우는 것이라면 철학자 역할은 양육 공식에서 가장 중요한 역할에 든다. 자녀에게 틀을 잡아주는 정도에서 따지자면 조기 학습 파트너 역할과 필적한다. 그 아이만의 개인적 북극성을 가리켜주며 내면의 나침반을 세우게 도와줄 철학자가 없다면 아무리 수재라 해도 다른 사람들의 인생에 의미 있는 영향을 미치게 될 가능성이 낮다.

'충만한 자아실현 = 목표 + 주체성 + 똑똑함'의 공식을 떠올려 보자. 철학자는 아이가 인생에서 의미 있는 사명을 품도록 길잡이가 되어준다. 이런 사명 의식은 똑똑함이나 주체성과 더불어 자녀의 성취를 틀 잡아주는 데 중요한 열쇠이자 자녀의 궁극적 유산을 미리 짐작하게 해주는 암시이다.

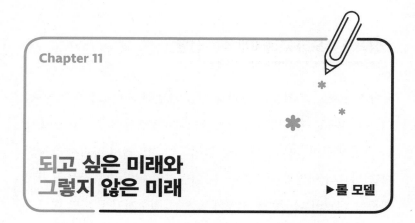

되고 싶은 미래와
그렇지 않은 미래

▶롤 모델

사륜 트랙터 대회는 해마다 열리는 켄터키주 박람회에서 가장 치열하고 관심이 쏠리는 행사다. 적어도 라이언 퀼스 가족에게는 그렇다. 라이언의 친할머니 댁 거실 벽 전체는 이 대회에서 우승한 친척들을 기리는 공간으로 헌정되어 있다. 이 가족에게는 그 우승 트로피가 무엇과도 바꿀 수 없는 귀중품이다. 라이언의 아버지와 두 삼촌 그리고 사촌 몇 명이 이전 대회에서 우승해 집안의 수상 경력도 화려하다. 라이언은 나중에 아들이 생기면 아들에게 "성년이 되면 도전해봐"라고 격려하는 모습을 머릿속에 그린다.

라이언은 대회에서 우승하기 위해 익혀야 할 비결을, 아버지를 지켜보며 농장에서 다 터득했다. 로저 퀼스는 그냥 뛰어난 농부가 아니라 최고였다. 시골 마을에서 200년을 거슬러 올라가는 농장 집안의 아들로 태어난 그는 대학에서 농학을 전공한 뒤에 현재까지도 여전히 땅을 일구며 먹고사는 사람들을 옹호해주는 투사로 살고 있다. 그리고 농부들 대다수가 그렇듯 로저 퀼스 자신도 힘겨운 난관을 수차례 이겨냈다.

엄마, 아빠처럼 되고 싶은 아이들

양육 공식의 여섯 번째 역할인 롤 모델은 부모가 자녀가 동경할 만한 자질의 모범이 되어주는 것이다. 로저 퀼스는 자립, 끈기, 지성의 모범이었고, 라이언은 몇 차례의 선출직에 출마했을 때 이 세 가지 자질을 거울삼아 따랐다. 에스더 보이치키는 대담함의 모범이었고, 세 딸 모두 IT업계와 의료계의 최정상에 오르는 과정에서 이러한 대담함을 확실히 증명해보였다. 테레사 수녀에게 개인적 가르침을 받았던 산구 델레의 아버지는 영적 기반에 따른 사회정의 운동의 모범이었고, 산구는 사업과 자선활동을 통해 자신만의 방식대로 아버지의 본보기를 따랐다.

흥미롭게도 가족의 본을 따르는 이런 일은 의외의 방식으로 일어나기도 한다. 앞으로 차차 살펴볼 테지만 가장 의미 있는 모델이 항상 부모가 되는 것은 아니다. 때로는 형제, 조부모, 처음 만난 삼촌이나 심지어 오래전에 돌아가신 조상이 모델이 되기도 한다.

'사회학습 이론'이라는 연구 부문에서 주장하는 바에 따르면 우리는 많은 것을 관찰을 통해 배운다. 즉, 다른 사람들의 행동과 말을 지켜보고 들으면서 그대로 흉내 내고, 아이는 이런 흉내 내기를 통해 부모와 함께하는 첫 기회를 갖게 된다. 사회적 학습은 아이가 자신의 잠재력과 결정에 대한 가정을 세울 토대를 갖추어준다. 마스터 부모는 아이가 의도적으로나 무의식적으로 흉내 낼 만한 존재 방식의 모범이 되어준다.

예를 들어, 뉴욕 양키스의 유명한 야구선수인 데릭 지터의 아버지 찰스 지터는 데릭이 여덟 살쯤에 자신의 야구 스크랩북을 보여주며 열심히 노력하면 너도 이런 야구 스크랩북을 만들 수 있다고 격려해주었다.

아버지처럼 유격수가 되었던 데릭은 공개석상에서 이렇게 말한 적이 있다. "전 아버지처럼 되고 싶었어요."

찰스 지터는 약물중독 재활상담사로 일하면서 어린이 야구단 선수의 부모로도 최선을 다했다. 데릭에게는 야구 지도를 해주고 데릭의 여동생에게는 소프트볼을 지도해줬다. 그는 데릭이 최고 실력의 선수이자 높은 학업 성취자로서 틀을 잡도록 기반을 닦아주었다.

찰스는 데릭에게 야구를 강요한 적이 없었지만 데릭이 아주 어릴 때 아들에게서 야구에 대한 열정과 재능을 알아봤다. 바로 이때부터 자신의 꿈을 성취할 만한 실력을 갖추도록 돕는 일에 헌신적으로 나섰다. 또한 함께 타격과 공 잡기 연습을 하면서 데릭이 수용하길 바라던 다른 자질들의 모델을 보여주기도 했다.

데릭은 아버지가 야구를 지도해주는 모습뿐만 아니라 훌륭한 아빠가 되어주는 모습을 보면서 경기장 안팎에서의 건전한 스포츠맨십, 친절함, 기강, 공명심 같은 자질을 배웠다고 한다.

아이가 부모에게 존경심을 갖게 되면 그 부모의 모습을 거울삼아 미래의 자아상을 세운다. 궁극적으로 따지자면 아이가 부모를 거울삼는 것은 자녀가 부모를 지켜보는 무수한 순간 동안 부모가 아이에게 전해주는 생각들이 낳은 결과다. 이러한 경우 아이의 꿈이 부모의 기대와 닮아가는 것은 부모가 강요하기 때문이 아니라 아이가 부모를 존경하기 때문이다. 즉, 마스터 부모가 자신의 자질을 새로운 세대에 전하는 방법은 강압이 아닌 감응을 통해서다.

말보다 직접 보여주기

하워드 의대의 전 학장인 수잔 말보와 수제트 말보의 아버지 플로이드 말보는 1966년 12월에 미시간 주립대학교에서 미생물학 박사 학위를 위해 공부하던 중에 이 쌍둥이 딸의 아빠가 되었다. 이후 아내 미르나가 쌍둥이 딸의 주 양육자이자 학습 파트너를 맡았지만, 플로이드는 근면함과 헌신의 모델을 보여주었고 네 명의 자녀가 아버지의 이런 자질을 그대로 물려받게 되었다.

수제트와 수잔은 아주 꼬맹이 때부터 아버지가 의료계의 걸출한 인물로 부상하는 모습을 지켜봤다. 정장을 차려입고 출근하든, 서재에 앉아 책에 파묻힌 채 연구 중이든 간에 플로이드는 헌신과 프로정신, 근면함의 화신이었다.

플로이드가 워싱턴 하워드 의대에 다니기 위해 가족이 미시간을 떠났을 당시에 쌍둥이 딸은 어린 나이였지만 가족이 변화에 적응하느라 얼마나 힘들었는지를 똑똑히 목격했다. 아버지가 의사가 되려면 변화가 필요하다는 점도 이해했다. 그러다 이후에 쌍둥이 자매의 교육 문제로 가족이 변화를 겪어야 할 땐, 플로이드가 딸들의 학비를 위해 의대 직위에서 사임해 개업의로 활동하기도 했다.

"교육을 받기 위해선 희생도 필요하다는 점을 딸들이 깨닫게 해주고 싶었어요." 플로이드의 말이다.

플로이드는 자녀들이 커가는 동안 해마다 루이지애나주의 가족들을 보러 갔다. 그는 자신에게 인종 평등을 위한 투쟁의 책임감을 품게 해주었던 사람들, 장소, 이야기를 자녀들이 직접 접하게 해주고 싶었다.

"그렇게라도 아이들이 자신이 속한 가족과 친척들을 알게 해주고 싶었어요. 여기 워싱턴 D.C.에는 친척이 아무도 없었거든요. 또 아이들이 자신의 문화를 알고, 아내와 제가 얼마나 다른 환경에서 성장했는지도 느끼게 해주고 싶었어요. 물론, 그러는 것이 우리 자신의 삶뿐만 아니라 아직 루이지애나에 남아 여러 문제들과 투쟁하는 사람들의 삶을 위한 일이라는 점도 깨닫게 해주고 싶었지요."

플로이드는 자신의 꿈을 좇는 내내 언제나 자녀들이 지켜보고 있다는 점을 의식했고, 그로 인해 더욱더 열심히 노력하게 되었다. 하워드 의대를 떠나 개인 병원을 개원했을 때는 자녀들에게 병원 일을 돕도록 했다. 딸들에겐 접수대를 맡기고 아들들은 청소 일을 돕게 했는데 자녀들은 병원에서 아버지가 아이디어를 구상해서 끝까지 관철시키는 모습, 팀을 이끌며 직원들의 존경을 얻어내는 모습을 직접 보면서 바람직한 미래상을 그려보게 되었다. 말하자면 플로이드는 목표를 정해 성취시키는 방법을 자녀들에게 직접 보여줌으로써 전수해준 셈이다.

모범이 되는 어른들

데이비드 마르티네스는 자라면서 아버지의 성(姓)인 피터스를 따랐지만 마르티네스 성을 쓰는 외가에 더 마음이 끌렸다. "저희는 아버지의 성을 쓰긴 했지만 외가, 그중에서도 특히 이모가 들려주는 이야기를 많이 들으며 컸어요. 마르티네스가와 뉴멕시코주의 역사 이야기, 1590년대에 스페인 남부에서 이주해온 조상들의 이야기를 들었죠. 제가 자란 뉴멕시코주 북부에서 외가가 오랜 세월 대를 이어왔는데, 이제는 가문의 성을 이어갈 후손이 아무도 없다는 이야기도요."

데이비드는 중학생 때 한 가지 좋은 생각을 떠올렸다. "부모님께 전 외가의 성을 따르고 싶다고 말씀드렸어요. 우리 형제 중 한 명이 마르티네스 일가를 이어가면 좋겠다고요. 아버진 평소처럼 격려조로 대꾸해주셨어요. '음, 들어보니 생각을 많이 해보고 정한 것 같은데 원한다면 그렇게 하렴.'"

그때가 데이비드가 7학년에 다니고 있을 때였다.

데이비드는 자신이 태어나기도 전에 돌아가신 외할머니에게도 감화를 받았다. "저에게 봉사의 모범이셨던 어머닌 외할머니가 자신의 모범이셨다고 말씀하시곤 하셨죠."

데이비드의 외할머니는 더 이상 살아 계시지 않았지만 여전히 딸을 통해 모범이 되어주고 계셨다. 데이비드는 어머니가 교회에 찾아온 노숙자들에게 음식 봉사를 하는 모습을 보며 자랐고, 선거 유세에 뛰어들어 승리한 후 판사가 된 모습, 10대 시절 자신과 남동생 다니엘에게 가난한 사람들을 위해 봉사할 기회를 갖게 해주려고 애쓰는 모습도 봤다. 이러한 어머니의 모습을 지켜보는 것은 외할머니의 행동을 보는 것과 같았다. 똑같은 상황에 놓였다면 외할머니도 그런 모범을 보이셨을 테니까. 말하자면 계주에서 배턴을 넘겨받듯 이제는 어머니가 외할머니의 사명을 이어가고 있었던 것이다.

데이비드의 외할머니는 남다른 품성을 지닌 사람이었다. 이웃에서 누가 이혼의 아픔을 겪고 있다거나 아이들 때문에 힘들어한다고 하면 구운 엠파나다를 그 집에 가져가서 그가 언제까지고 속 시원히 하소연을 마칠 때까지 들어주고 왔다.

어머니의 마음가짐 역시 외할머니의 마음가짐과 다름없었다.

"엄마의 봉사관은 저에게 늘 공감을 일으켰어요. 든든한 길잡이였죠. 말이 나와서 말이지만, 저희 외할머니 같은 사람들은 기회만 있었다면 더 큰일을 하셨을 거예요."

데이비드의 어머니는 종종 이렇게 말씀하셨다. "데이비드, 지금 네가 누리는 기회를 소중히 여겨야 해. 우리가 너에게 그런 기회를 주기 위해 열심히 노력해왔다는 것도. 소중한 기회를 낭비하지 말라고."

데이비드는 어머니의 말을 '넌 꼭 이래이래야 해' 식의 강압이나 명령으로 받아들이지 않고 '외할머니처럼 너를 이 자리에 있게 기반을 닦으신 분들을 생각하렴. 그렇게 받은 은혜를 다른 사람들에게 되돌려주려면 네가 어떻게 해야 할까?'라는 의미로 새겨들었다.

반면교사로서 역할

마스터 부모라고 해서 모두가 이어가고 싶은 가족사를 물려받은 것은 아니다. 따라서 가족사를 새롭게 쓰려고 적극적으로 노력하는 경우도 있다.

척의 어머니 일레인은 아이들이 어른들 앞에 나서서 얘기하는 것을 버릇없는 일로 생각하는 부모 밑에서 자랐지만 자신의 아이들은 어디에서든 당당히 자기 이야기를 펼치도록 키웠다. 에스더 보이치키는 정통 유대교 사회 속에서 여자라는 이유로 무시당하며 자랐지만 세 딸을 세계적으로 영향력 있는 여성 혁신가들로 키워냈다.

일레인, 에스더, 엘리자베스 같은 부모들은 자신들의 가족사에 새로운 장을 쓰길 바랐고, 자녀를 후대에 모범이 될 만한 인물로 키워내려 애썼다. 그리고 그 과정에서 자신들이 자라면서 겪은 것과는 사뭇 다른 모범적 행동을 보여주었다.

에스더의 딸들은 대담하기로 유명한데 이런 대담성은 부모로부터 배운 것이다. 에스더는 그녀의 말마따나 인생에서 가장 중요한 두 가지 의문인 '왜?'와 '왜 안 돼?'를 내세워 공공정책에 이의를 제기했다.

"저희 집 근처에 주택단지가 조성되고 있었는데 너무 과밀화되고 난개발되어 그대로 두고 볼 수가 없겠더라고요. 전 동네 사람을 전부 찾아다니며 설득하고, 대학과 싸우고, 시 당국이랑 연방주택관리국과도 쟁론하면서 온갖 씨름을 벌여야 했지만 결국은 이겼죠."

딸들은 그 현장에서 모든 과정을 지켜봤다. "딸들은 재미있어 했어요."

에스더는 딸들이 보는 앞에서 직접 행동에 나서고 기꺼이 도전을 감행함으로써 사람에게는 환경을 변화시킬 힘이 있음을 증명해 보여주었다. 에스더에게는 자녀에게 자립심을 가르치는 것이 실용적 차원의 문제이기도 했다. 예를 들어, 딸들에게 수영을 가르친 것은 옆에서 지켜봐주지 않아도 안전하게 놀 수 있게 해주려는 차원이었다. 또한 글을 읽을 줄 알면 길을 잃어도 표지판을 따라서 집을 찾아올 수 있을 테고, 숫자 개념을 익히면 바가지를 쓸 염려가 없을 것이라고 생각했다. 하지만 여기에는 딸들이 부모가 가르쳐주려는 방식과는 또 다른 방식으로 세상과 교감하게 해주려는 의도도 있었다.

남편의 일 때문에 가족이 유럽으로 이주했을 무렵, 에스더는 세 딸을 돌보느라 정신이 없었다. "전화도 없고 전기도 없이 드넓은 농장 한복판에 살았어요. 가장 의지하는 이웃이 창밖으로 보이는 소들이었죠. 딸들에게 자립심을 더 키워줘야 했어요. 애들이 이리저리 쏘다니는 통에 어디로 갔는지 찾을 수가 없었으니까요."

그녀가 찾은 답은 도전하기였다. 그래서 당시에 아장아장 걷던 세 살과 다섯 살의 딸들에게 보조바퀴 없이 자전거 타는 요령을 가르쳤다. "아이들이 소들을 피해 다니려면 자전거를 자유자재로 탈수 있어야 했어요. 보조바퀴 달린 자전거는 아이들이 쉽게 타긴 하지만 이동이 자유롭진 않아요. 대신에 보조바퀴가 없는 자전거는 타는 요령을 배워야 하지만, 훨씬 자유롭고 안전하게 탈 수 있죠."

"그렇게 되고 싶지 않아요"

더러는 부정적 역할 모델도 긍정적 역할 모델에 못지않게 중요하다. 부정적인 행동을 따르지 말아야 할 당위성을 충분히 보여주기 때문이다. 사회심리학자 대프나 오이서먼이 '부정적인 가능 자아'라고 이름 붙인 부정적 역할 모델은 술주정꾼 삼촌, 일 없이 놀고 있는 이모, 남의 돈으로 사는 이웃, 굴종적인 배우자처럼 그렇게 되고 싶지 않은 사람을 가리킨다.

다섯 살 때까지 여러 친척들의 손에 길러진 파멜라는 본받을 만한 여러 역할 모델 속에서 자라며 여러 관심사를 따라 했다. 가령 어떤 때는 자동차 판매점에서 일하던 10대 삼촌 티오 프랭클린을 따라 경주용 미쓰비시 이클립스에 푹 빠졌다. 미식축구에 열광하던 또 다른 삼촌 티오 가넬을 따라 미식축구를 좋아하기도 했다. 네 살 때는 브롱코스팀을 좋아한다고 말하고 다니기도 했다. "그 팀의 경기를 보고 좋아하게 된 거냐고요? 아니요. 그냥 '나도 응원할 팀을 하나 골라보자'라는 생각에서 정한 거였어요."

파멜라는 독서광인 이모 두 명에게 관심이 쏠리기도 했다. "그래서 책 하나를 집어 들고 보면서 이랬어요. '그렇단 말이지, 난 이생각에 동의 못하겠는데.' 책 내용도 잘 모르면서 그러는 게 멋지고 고상해보여서 따라한 거였죠."

10대였던 파멜라의 부모는 어린 딸을 돌봐준 적이 별로 없었지만, 어머니는 나중에 기자가 되었고 아버지는 미국에서 프로야구 선수가 되었다. 파멜라는 당시를 회고하며 말했다. "속으로 이런 생각이 들었어요. '대단해! 저런 DNA를 물려받았으니 나도 잘할 수 있겠다.'"

하지만 여러 10대 부모들은 따라 할 만한 모델뿐만 아니라 따라

해선 안 될 모델도 보여주었다. 파멜라는 10대를 앞두고 부모가 겪어온 10대 시절을 떠올려 보았다. "가만 되짚어보니까 많은 실수를 저질렀더라고요. 그래서 나는 그러지 말자고, 특히 너무 어린 나이에 임신하는 실수는 더더욱 저지르지 말자고 다짐했어요."

파멜라의 할머니가 가족을 차차 미국으로 데려오기 위해 서류 준비를 마쳤을 때 다섯 살이던 파멜라가 가장 먼저 할머니 곁으로 오게 되었다. 그로써 최초의 성인 보호자가 되어준 할머니는 파멜라에게 위엄 있는 사람이라는 인상을 주었다. 파멜라는 가족을 새로운 나라로 데려온 할머니를 닮고 싶었다. "할머니는 추진력이 있고 진취적이셨어요. 가족에게 없어서는 안 될 태양 같은 존재였고 모든 가족의 구심점이셨어요. 그래서 어떤 일이든 할머니의 지휘에 따라 움직이고 행동했어요. 할머니가 가족의 지도자셨죠."

파멜라의 할머니는 이 꼬맹이의 내면에 자립심이 움튼 것을 알아보았다. 이후 파멜라가 자립심을 더 키우길 바라는 동시에 그 관점을 새로운 쪽으로도 돌려주고 싶었다.

그래서 파멜라에게 어떤 여자에 대한 옛날 이야기를 들려주었다. 한 여자가 결혼을 했는데 집안일을 너무 못해 시댁에서 쫓겨나 집 안에 수치를 안겼다는 얘기였다.

"저희 문화에서 여자는 집안일을 잘하고 내조를 잘하며 아이를 많이 낳아야 대접해줘요. 전 걱정이 됐죠. '어쩌지. 난 그렇게 잘할 자신이 없는데.'"

할머니는 파멜라에게 경제적으로 자립하면 쫓겨날까 봐 걱정할 일은 없을 거라고 말해주었다. 그 말을 들은 파멜라는 최선을 다해 공부해서 고등학교를 수석으로 졸업했고, 아이비리그 대학에 장학생으로 입학했으며, 마침내 자신만의 아파트를 갖게 되었다. 파멜라에게는 특수한 문화의 한 모델이 부정적인 기능 자아로 인식되어 자신은 절대로 그렇게 되지 않으려고 마음을 다잡게 되었던 셈이다.

　파멜라의 할머니는 자신의 문화 기준을 따를 수도 있었지만 파멜라에게 그런 기준을 거부하라고 가르쳤다. 파멜라는 할머니 말씀대로 따랐고 그와 동시에 할머니의 장점을 본받기도 했다. 또한 여러 명의 10대 엄마들을 통해 긍정적인 면과 부정적인 면의 교훈을 두루두루 배웠다.

Chapter 12

자기주장을 펼치고
상대를 설득하는 법 ▶협상가

다트머스 해군사관학교를 졸업하고 하버드대학교 케네디 행정대학원에서 석사 학위를 취득한 마야 마틴은 겨우 일곱 살 때 선생님에게 정면으로 대든 적이 있다. 몇 주 전부터 선생님의 행동에 불만이 있었는데 바로 그날 사건이 벌어졌다. 마야는 집에 가자마자 어머니 미셸에게 선생님에게 대들게 된 자초지종을 털어놓은 후 물었다. "어떻게 해주실 거예요?"

그러자 어머니는 예상 밖의 대답을 했다. "내가 뭘 어떻게 해줄 거냐고? 아니지. 네가 어떻게 할 건지 말해야지."

"네? 저는 이제 겨우 일곱 살이잖아요!" 마야가 기가 차서 되물었다.

대학교 행정관이던 미셸은 바로 대답했다. "딸, 엄마가 항상 네 옆에 따라다니며 도와줄 수는 없어. 그러니까 네가 자신을 변호할 줄 알아야 해."

하지만 마야의 어머니는 딸이 어떻게 하면 좋을지 방법을 생각해내게 도와주었다.

이전 해에 마야는 1학년에서 학급 최우등생에 올랐다. 진도가 많이 앞서 있어서 새학기에는 2학년을 월반해 3학년으로 올라갔다. 이렇게 한 학년을 건너뛴 것은 마야와 가족에게는 반가운 소식이었다. 마야가 네 살 때 글을 뗀 데다 1학년 학습 내용 대부분이 유치원에 들어가기도 전부터 알고 있던 내용이었기 때문이다.

그런데 웬걸, 수업이 예상과는 달랐다. "수업이 여유로워서 그 선생님을 좋아하는 애들도 있었어요. 선생님은 우리와 많이 놀아주셨죠. 수업 중에 옆으로 재주넘는 요령을 가르쳐주거나 우스갯소리를 해주면서요. 하지만 수학이나 과학, 사회 수업에서는 배우는 게 별로 없었어요."

마야는 시간 낭비 같아 마음이 끌리지 않았다. 아이들이 레크리에이션 기술을 배울 때 마야는 교실 뒤쪽에 따로 앉아서 책을 읽었다. 몇 주가 지나도록 이러한 상황을 꾹 참고 있었는데 그 시간이 너무 길어지자 인내심이 한계에 달했다.

"왜 애들하고 같이 안 어울리고 여기 있어?" 교사가 물었다.

"책 읽는 게 더 좋아서요."

교사는 함께 놀자고 계속 다그쳤지만 마야는 거절했다. "과학이나 수학, 읽기나 사회 같은 걸 가르쳐주겠다고 하시면 같이 어울릴 게요. 하지만 그런 시간이 아니면 책을 읽고 싶어요."

소신껏 자기주장을 펼치는 아이로 키우기

마야의 부모는 딸에게 공손하게만 말하면, 어른에게 말대꾸를 해도 괜찮다고 가르쳐왔다. 마야의 말을 그대로 옮기자면, 마야의 부모는 문제를 곧이곧대로 받아들이는 법이 없는 '반론자들'이었다.

마야는 부모님이 정해준 규칙을 따르면서, 공손하게 말했으니 선생님이 별 문제 삼지 않을 거라고 믿었다. "저는 소리를 지르지 않았어요. 평소대로 말하며 버릇없는 단어를 쓰지도 않았어요. 그냥 제 생각을 밝혔을 뿐이에요."

하지만 다음 날, 교사가 읽기 수업의 상급 그룹에 있던 마야를 시킨 책들만 읽는 그룹으로 강등시켰다. 마야는 속으로 생각했다. '이게 뭐야? 책 같지도 않네.'

마야는 어머니 미셸에게 도움을 청했다. 그리고 다음 날 미셸에게 지도받은 대로 당당하게 교장실로 들어가 면담을 요청했다.

교장의 비서는 쪼그마한 여자애가 의젓한 자세로 걸어 들어오는 것을 보고 키득키득 웃긴 했지만 마야를 위해 약속을 잡아주었다. "전 교장 선생님께 어떻게 된 상황인지를 설명하며 직접 확인해 달라고 부탁드렸어요."

교장은 어린 소녀의 불만을 진지하게 듣고 그 학급을 주의해서 지켜보기 시작했다. 가끔은 교장이 직접 수업에 들어와 바람직한 지도의 모범을 보여주기도 했지만, 담임교사는 개선의 기미가 없었다. 그러더니 어느 날부턴가 그 담임교사가 더 이상 수업에 들어오지 않았다.

[권위에 도전하는 법]

마야는 겨우 일곱 살이었지만 어른들에게 진지하게 대우받는 것에 익숙한 환경에서 자랐다. "어머닌 인종에 대해서나, 제가 목격한 불평등에 대해서나 뭐든 물어보면 솔직하게 얘기해주셨어요. 아무것도 숨기지 않으셨어요. 제가 그런 걸 알고 있는 것이 모르고 있는 것보다 더 유익하다고 생각하셨죠. 변호사였던 아버진 문제를 똑 부러지게 주장할 수 있으면 인정받을 수 있다고 가르쳐주셨고요."

마야의 부모는 박물관과 도서관을 비롯해 흥미로운 장소에 자주 데려가면서 마야가 학구열을 품도록 교육했다. 집에서는 책들을 소품처럼 펼쳐놓아 자주 손이 가게끔 했다. 하지만 아무리 집안 학습 환경이 잘 갖추어졌다 해도 마야가 배움에 몰입하는 데 가장 중요한 장소는 바로 학교였다.

마야는 가정에서 학구열을 키워주는 교육을 받다가 제대로 준비가 안 된 교사를 만나 부딪치면서 중요한 교훈을 배웠다. '벌어지는 상황이 마음에 들지 않는데도 입을 다물고 있거나 아무 행동을 하지 않으면 아무것도 바뀌지 않는다'는 것이었다. 또 다음의 교훈도 배웠다. '권위에 도전하면 옳은 소리를 했더라도 부당한 대가를 치를 수 있다.'

어머니에게 배운 교훈도 있었다. '자기보다 높은 맞수가 있다면 상황에 따라 그 맞수의 윗사람, 그러니까 먹이사슬에서 더 높은 곳에 있는 사람에게 가야 할 때도 있다.' 이 마지막 교훈이 가장 중요했다. 덕분에 훗날 워싱턴 D.C. 소재의 교육기관 설립자로서 유용한 자세를 갖추게 되었기 때문이다.

[협상 테이블로 유도하기]

마야의 부모는 일곱 번째 역할인 협상가 역할에 뛰어났다. 어릴 때부터 마야에게 힘을 가진 어른들을 기민하게 상대할 줄 아는 요령을 교육시켰다.

마스터 부모의 협상가 역할에는 두 가지 목표가 있다. 첫 번째는 가정에서 자녀에게 권위와의 특정 관계를 가르치는 것이다. 마스터 부모는 자녀를 존중해주며 함께 토론해나간다. 지켜야 할 한계선을 정할 때도 독재자처럼 굴지 않으려 조심하면서 자녀가 자기주장을 펼치게 격려해주고 선택권을 준다.

두 번째 목표는 자녀가 가정 밖의 어른들을 대할 때 협상 기술을 적용하도록 가르치는 것이다. 미셸이 마야에게 교사의 부당한 대우에 맞서는 최선의 전략을 도와주었던 식의 지도다. 협상가 역할자는 자녀가 가정에서 부모를 상대하면서 이미 터득한 것들을 기반 삼아 다른 사람들, 특히 힘 있는 자리에 있는 사람들 앞에서 자기주장을 펼 수 있도록 준비시킨다.

자녀들이 협상가 부모에게 암묵적으로든 명시적으로든 배우는 개념 가운데 하나는 일명 베트나(BATNA, Best Alternative to a Negotiated Agreement)라는 협상론이다. 이는 합의에 이르지 못해 상대와의 협상이 결렬될 경우 취할 수 있는 차선의 행동방침이다. 이쪽에서 제안한 가장 유리한 거래를 거부할 때 남아 있는 최선책이다.

부모가 열세 살인 자녀와 함께 삼촌 집에 가고 싶은데 아이는 가고 싶어 하지 않을 경우를 가정해보자. 이때 부모는 '같이 가면 30달러 줄게'라고 설득을 시도할 수 있다. 그러면 아이는 부모가 원하는 대로 따르기로 선택하며 돈을 받을 수도 있다. 하지만 삼촌이 따분하거나 불편한 사람이라 이를 거절하고 그냥 집에 있을 수도 있다.

마스터 부모들이 발휘하는 협상술은, 이쪽이든 저쪽이든 빨리 결정하려 하기보다는 아이에게 모든 선택안을 신중히 생각해보도록 살펴주는 것이다. 이를테면 아이가 집에 있기로 결정하는 것이 과연 더 좋은 선택일지를 확실히 따져보도록 하기 위해 집으로 돌아오는 길에 상점에 들러 30달러로 사고 싶었던 모자를 사도 된다고 귀띔해주는 식이다.

자녀와의 기민한 협상은 아이에게 '입장'과 '관심사'의 차이를 가르쳐주기도 한다. 여기에서 입장이란 아이가 어느 쪽을 바라는지 밝힌 생각이고, 관심사란 그러고 싶은 근원적 이유다.

앞 사례의 부모는 아이에게 이렇게 물어볼 만하다. "돈을 포기하고 그냥 집에 있고 싶은 이유가 뭔데?" 아이는 이렇게 대답할지 모른다. "삼촌 집에 가면 재미있는 일이 없으니까요." 그러면 부모는 아이의 관심사가 재미라는 것을 눈치채고 이렇게 제안할 수 있다. "좋아하는 책을 가져가거나 스마트폰으로 게임을 하는 건 어떨까?"

이런 식의 대화는 아이가 주어진 선택안을 꼼꼼히 따져보는 한편 자신이 간과한 잠재적 해법이 있을 가능성을 살펴보는 습관을 들이도록 해준다.

협상가 부모의 자녀는 자신의 생각을 똑 부러지게 말하며, 이러한 자세는 잠재적 우군에게 긍정적인 인상을 남긴다. 체계적이고 신중한 태도를 갖추면서 한걸음 물러나 상황을 판단하는 능력도 생긴다. 다른 사람의 입장이 되어보는 공감력도 길러져 다른 사람이 원하는 바와 그 다음 행동을 짐작할 줄 알게 된다. 그리고 이런 능력들을 자신뿐만 아니라 남들을 옹호하는 데도 활용하게 된다.

[최선의 해결책 찾기]

학창 시절 수잔과 수제트 말보는 보이스카우트에 들어가고 싶었다. 하지만 자매의 어머니는 좋은 생각이 아니라며 이를 반대했다. 전부 남자애들인 단체에서 유일한 여자로 활동하는 것이 걱정되어서였다. 하지만 두 딸은 남자애들처럼 캠핑, 하이킹, 카누, 수영 같은 걸 하고 싶다고 말했다. 결국 부모는 딸들의 주장에 설득되었고, 쌍둥이 자매는 어린 선구자가 되었다. 자매가 들어간 보이스카우트단은 여자를 받아준 최초이자, 당시로선 전국 유일의 보이스카우트단이 되었기 때문이다.

부모가 협상에 열려 있다고 해서 자녀의 모든 바람을 허락해주는 것은 아니다. 말보 자매에게도 합의점을 찾을 수 없는 협상이 있었다. 부모님과 함께 가지 않는 해변에서의 파티가 그런 경우였다. 아예 협상 테이블에 오르지도 못하는 경우도 있었다. 한 예로 준성인용 영화 관람의 문제에 관한 한 자매의 부모는 안 된다고 딱 잘라 말했다.

마스터 부모는 자녀들에게 결정을 내리는 연습을 많이 시켜준다. 확실하게 한계선을 긋기도 한다. 하지만 그 한계선 내에 드는 경우에는 자녀가 타당한 주장을 내놓는 한 기꺼이 협상에 마음을 열어 부모와 자녀 모두가 만족할 만한 해결책을 찾는다.

[중간에 그만두지 않기]

그런데 협상가 부모들이 예외 없이 시행하는 한 가지 특별한 규칙이 있다. 자녀가 일단 뭔가를 시작하면 중간에 그만두는 것을 허락하지 않는 것이다. 협상가 부모들은 대개 자녀에게 우선적 선택권을 주면서 탐구를 통해 자신의 열정을 발견하도록 이끌어주고 격려한다. 하지만 일단 선택을 내리면 자녀는 한동안은 그것에 전념해야 한다. 중간에 다시 합의를 벌이는 일은 용납되지 않는다.

리사 손의 경우엔 딸에게 학기마다 과외 활동의 선택권을 주되 학기가 끝나기 전에는 중간에 그만두지 못하게 했다. "전 딸애한테 '이젠 하기 싫어요'라는 말을 절대로 못하게 해요. 쉽게 그만두게 해주면 앞으로도 이것저것 잠깐 하다가 그만두는 버릇이 생길 수 있잖아요."

롭 험블은 일곱 살 때 아버지에게 피아노 레슨을 받게 해달라고 졸랐다.

"안 돼. 아직 너한텐 무리야." 밥 시니어는 허락해주지 않았다.

롭은 계속 졸랐고 결국엔 밥 시니어도 져주었다. 하지만 조건을 붙였다. "5년 동안은 중간에 그만두지 말고 배워야 한다."

롭은 의욕에 들떠서 그러겠다고 했다. "알았어요. 싫증 낼 일은 절대 없을 거예요."

하지만 레슨을 몇 번 받고 났을 때 피아노 교사는 롭이 제때 연습을 하지 않은 것을 눈치채고 채근했다. "아들은 그런 일을 아주 짜증스러워했어요."

"그만할래요. 이제 레슨받기 싫어요." 급기야 롭이 밥 시니어에게 포기 의지를 드러냈다.

밥 시니어는 이를 받아줄 마음이 조금도 없었다. "4년 9개월 2주를 더 해야 그만둘 수 있어."

밥 시니어가 세운 피아노 레슨에 대한 합의는 자녀의 성향에 대한 확실한 이해를 바탕으로 삼은 것이었다. 그는 어린 롭이 얼마 못 가서 그만두고 싶어할 줄 알고 있었지만 롭이 진득이 매달리면 음악적 소양뿐 아니라 귀한 인생 경험도 얻으리라고 생각했다. "뭔가에 끈기있게 매달리게 유도해주는 일이야말로 제가 아들에게 줄 수 있는 최고의 교훈이라고 생각해요."

알베르트 아인슈타인이 다섯 살쯤 되었을 때 어머니 폴린은 아들이 자주 집중력 부족으로 애먹는 것을 알아봤다. 폴린은 음악이 집중력을 키우는 데 요긴하다는 점을 잘 알았던 터라 개인교사를 채용해 아들에게 바이올린을 가르쳤다. 아인슈타인은 개인교사 앞에서 짜증을 부리다 나중엔 의자를 걷어차기도 했지만 폴린은 받아주지 않았다. 단호한 태도를 보이며 새로운 가정교사를 들였고 덕분에 아인슈타인의 집중력은 향상되었다.

자녀와 협상을 벌여야 할 때도 있지만 경우에 따라선 이처럼 부모가 최선책을 파악해 의지대로 단호히 밀고 나가야 한다.

협상가 부모의 훈육법

자녀에게 제일 잘 맞는 훈육 방법을 선택하는 것도 협상가 부모로서 해야 할 역할이다. 마스터 부모는 취할 수 있는 여러 행동방침을 따져보면서 가장 바람직한 결과를 끌어낼 방침을 선택한다. 폴린 이 바이올린 연습을 하기 싫어하는 아들에게 져주었다면 과연 아인슈타인이 역사에 남을 업적을 세울 수 있었을까? 아인슈타인은 상대성 이론을 '음악적 사고'라고 칭하며 직관적으로 떠올린 것이라고 밝힌 바 있다. 그가 처음으로 얻은 자녀인 한스는 언젠가 이렇게 말했다. "아버지는 연구 중에 막다른 길에 이르렀거나 난관에 부닥쳤다는 생각이 들 때마다 음악에서 위안을 얻었고 그럴 때면 대개는 문제점을 해결하곤 하셨죠."

이 책에서 소개하는 성공한 사람들은 유치원 무렵에는 행동 문제를 좀처럼 보이지 않았지만 그보다 어렸을 때는 종종 행동 문제를 보였다. 몇몇 사람들, 그 가운데서도 특히 브리 뉴섬과 데이비드 마르티네스는 그 나이 때 고집이 유난히 셌다. 부모들로선 '한계선 긋기'와 '자녀의 의지 꺾지 않기' 사이에서 적절한 균형을 맞출 방법을 찾아내야 했다.

브리의 부모 린과 클래런스는 훈육의 좋은 예를 보여준다. 한번은 클래런스가 가만히 지켜보니 세 살배기 브리가 팝콘을 너무 많이 먹고 있었다. "전 딸애한테 그만 먹으라고 타일렀어요. 하지만 딸은 들은 척도 안 했죠. 그래서 더 세게 말했어요. '아빠가 팝콘 그만 먹으라고 했지. 그만 먹지 못해.' 딸애는 순간 멈칫하다가 팝콘 한 알을 집어 입으로 가져갔어요."

클래런스는 벌떡 일어나 살짝 위압감을 풍기며 딸에게 다가갔지만 브리는 별로 겁을 먹지 않았다. 오히려 자기도 냅다 일어났다.

클래런스는 당황했다. "그런 상황이라면 보통 아이들은 움츠러들 텐데 딸애는 '한판 붙어보자'는 식으로 나왔어요. 만만치 않겠구나 싶더군요."

그는 딸을 안아 올렸다. 하지만 엉덩이를 때려서라도 말을 듣게 하려는 의도는 아니었다.

"저는 딸애한테 신뢰를 얻되, 권위를 존중받는 식으로 해야 했어요. 겁 없고 당돌한 이 녀석을 어떻게 상대해야 할까 고민하다 본능적으로 딸을 안기로 결정했죠. 힘을 좀 주되 아파하지 않을 만큼만 꽉 끌어안기로요."

브리는 아버지에게서 벗어나려고 안간힘을 썼지만 뜻대로 되지 않자 고집이 한풀 꺾이며 울음을 터뜨렸다. "저는 딸을 꼭 안은 채로 방 안을 걸으며 말했어요. '잘 들어, 아빠가 널 사랑하긴 하지만 아빠 말을 잘 들어야 해. 알겠지?' 그때를 계기로 유대감이 싹텄어요. 일찌감치 눈치챘지만 딸애는 존경심을 얻지 못하면 유대감을 맺기 쉽지 않은 녀석이었어요."

클래런스가 그랬듯, 마스터 부모는 자녀가 영아일 때부터 자녀에게 많은 관심을 보이면서 자녀의 성격, 관심사, 기질에 맞추어 양육과 교감 방식을 조정한다. 아이가 못되게 굴면 봐주지 않지만 그 외의 경우엔 자녀의 성향과 잘 맞지 않는 생각이나 행동은 강요하지 않는다.

데이비드 마르티네스는 브리보다 다루기가 훨씬 힘든 아이였다. 지금의 모습을 보면 그런 어린 시절을 상상하기 힘들지만 말이다. 현재 그는 스물일곱 살의 나이에 미국의 외교관이 되어 중동과 남미 문제에서 고위급 업무를 맡고 있다. 2015년에는 국무장관을 보좌해 뛰어난 정보지원 업무를 펼친 공을 인정받아 국무부에서 우수상을 받았을 뿐만 아니라 두 차례나 공로상을 수상했다. 외교관으로서 데이비드는 침착하고 언변이 유창하며 자기성찰적인 데다 사려 깊은 협상가이다. 물론 이런 면모를 갖추기까지는 협상가 역할에 유능했던 두 마스터 부모의 도움이 컸다.

마르티네스-피터스 집안의 두 형제 중 장남으로 태어난 데이비드는 유치원에 다닐 때 통제불능의 행동으로 애를 먹었다. 아버지 리 피터스의 말로 직접 들어보자. "넘치는 에너지를 긍정적인 방향에 쏟아붓게 유도해줘야 했어요. 뭔가를 배우거나 생산적인 활동을 하느라 정신없게 만들어서, 문제를 일으키지 않도록 신경 써야 했죠."

이번엔 어머니 로우의 말이다. "그때 데이비드는 물 밖으로 나온 물고기 같았어요. 저는 워낙에 아이들을 좋아해서 조카들을 돌볼 때도 아무 문제없이 잘 지내왔죠. 그런데 데이비드와는 잘 맞지 않았어요. 여러 면으로 다루기가 까다로웠죠."

데이비드는 거친 아이이기도 했다.

"한번 달래려면 정말 애를 먹었어요. 이제 와서 생각해보면 아이가 제 불안감을 감지해서 그렇게 반응했던 것 같아요."

겨우 한 살 어린 동생 다니엘은 데이비드에 비하면 통제하기가 너무 쉬웠다. "다니엘은 목소리만 좀 높여도 말을 잘 들었어요. 어떤 일이건 큰 목소리로 하지 말라고 하면 몇 달이 지나도 하지 않았어요. 반면에 데이비드는 훈육하기가 너무 힘들었어요. 방에 들어가서 반성하고 있으라는 벌을 자주 줬는데 그래봐야 방에 앉아서 놀기만 하고 행동이 고쳐지질 않았어요."

그러다 데이비드가 네 살 때 로우는 마침내 해결책을 찾아냈다. 잠깐 동안 혼자 욕실에 두는 것이었다. 그때 살던 집의 욕실은 화장실과 욕조, 세면대가 각각 별개의 문으로 구분되어 있었다.

"저는 세면대가 있는 칸에 아들을 들어가 있게 하고 문을 닫았어요." 물건을 부수거나 자신의 몸에 상처를 낼 만한 물건이 없는 곳이었다. "거기에 작은 스툴 의자를 가져다 놓고 앉아 있게 했어요. 어른들도 없고 대화를 나눌 상대도 없이 혼자 있게요. 그랬더니 드디어 벌을 주는 효과가 생기더군요."

데이비드에게 가장 강한 욕구는 배움이든 놀이든 관계이든 뭔가에 참여하고 끼어들고 싶은 마음이었다. 격리가 부모의 바람대로 유도하기 위한 최선책이었다면 데이비드로선 부모의 바람대로 행동하는 것이 우선적 대안이었다.

부모는 한계선을 단호히 지키는 일과 아이가 스스로 자신의 행동을 조절하도록 하는 일 사이에서 균형을 잘 잡아야 한다. 권위있는 양육의 개념을 다시 떠올려보자. 가장 바람직한 학습 결과와 행동 결과를 낳는 양육 방식은 애정을 갖고 반응해주는 동시에 한계선을 일관성 있게 세우는 것이다.

데이비드의 부모는 협상가로서 아들의 넘치는 에너지를 잘 활용해 때로는 아들과 타협하고, 또 때로는 긍정적 방향의 행동을 유도해주기 위한 결정을 내렸다.

마스터 부모 vs 호랑이 부모

협상가 역할은 몇 년 전 화제가 된 호랑이 부모와 마스터 부모 사이에서 가장 극명히 대비되는 부분이다. 호랑이 부모는 지극히 권위주의적인 관점을 취한다. 사실상 모든 상황에서 부모의 관점으로 자녀의 관점을 지배한다. 자녀가 원하는 것이 부모의 판단상 최선의 선택이 아니면 자녀의 바람은 바로 무시된다. 반면에 마스터 부모는 자녀의 관점을 존중하며 의견에 귀 기울여주고 최종 결정을 내리기 전에 자신이 하고 싶은 일에 대한 근거를 주장할 기회를 준다. 또한 성공에 대한 획일적 개념이나 특정 진로를 강요하기보다는 자녀를 한 개인으로 여겨준다.

호랑이 부모와 마스터 부모는 모두 유년기 초기부터 취학 전 학습에 고도로 집중하며 자녀의 교육을 적극적으로 격려한다. 두 부모 모두 자녀의 관심을 살려주기 위해 가족이 아닌 사람들과 논의한다. 하지만 호랑이 부모는 의사결정에서 자녀에게 훨씬 적은 선택권을 허용한다.

호랑이 부모는 매우 엄격하여 보통의 가정에서 일상적인 일로 생각하는 활동까지 금지시킨다. 『타이거 마더』에서 저자 에이미 추아가 '내 딸들에게 절대 허락해줄 수 없는 일들'이라며 열거해 놓은 것 중에는 외박, 부모에게 불만 품기 등도 있었다.

마스터 부모의 자녀에게 외박은 문제될 것이 없다. 텔레비전과 컴퓨터 게임도 숙제를 마쳐놓은 상태라면 허용된다. 악기나 과외 활동에 대한 제약도 없고, 반드시 받아와야 하는 성적이나 석차도 없다. 마스터 부모의 관심사는 자녀가 자신의 미래상을 세우고 추구해나가는 것에 있다. 그런 미래상을 어떻게, 어느 시점부터 추구해야 할지에 대해서는 논의가 필요할 수 있지만, 미래상 자체는 자녀 스스로의 몫이며 부모는 웬만해서는 이 부분에 대해 확실하게 지원해준다.

다시 말해 여기에서 말하려는 호랑이 부모와 마스터 부모의 차이는 단순히 부모가 외박을 통해 또래와의 교제 시간을 허용해주는가의 여부나, 연극이나 드럼, 게임 같은 비학업적 열정을 좇게 허용해주는가의 문제가 아니다. 자녀의 관심사를 결정하고 수행하

호랑이 부모 vs 마스터 부모	
에이미 추아가 금지했던 일	마스터 부모들이 실행했거나 허용했던 일
(체육과 연극을 제외한) 전과목에서 1등에 들지 못하는 것	자신의 이전 성적과 경쟁하도록 자극하며 꼭 1등이 아니라 최고의 자신이 되도록 북돋아주기
과외 활동 선택	자녀가 선택한 열정 프로젝트 격려해주기
텔레비전 시청과 컴퓨터 게임	텔레비전 시청을 제한하되 숙제를 마친 후 시청은 허용해주기
A 미만의 점수 받기	자녀가 최선을 다했다고 판단하는 한 기대에 못 미치는 성적을 받아와도 문제 삼지 않기

는 기준 설정에서 누가 운전석에 앉느냐의 문제이다.

마스터 부모가 주는 선택권

매기 영의 부모님은 바이올린 학원을 운영하며 음악 지도사로 활동하면서 4형제 모두에게 현악기를 가르쳤다.

매기의 집은 기강과 일과가 잘 잡힌 가정이기도 했다. "엄마는 새벽 5시 15분쯤에 가장 먼저 일어나셨어요. 일어나면 개들을 밖으로 내보낸 다음 샤워를 하셨어요. 엄마가 저희 모두를 깨워주면 저희는 정해진 순서대로 샤워를 했어요. 오빠가 빨리 씻기 때문에 가장 먼저 씻었고 저는 머리카락이 길어서 맨 마지막에 씻었죠. 씻고 나면 옷을 갈아입고 엄마가 계신 주방으로 가서 후딱 아침을 먹었어요."

6시쯤 되면 네 명의 자녀들은 아침 일과를 시작했다.

"저희는 운동선수가 스트레칭을 하는 것처럼 음계 연습과 기본기 연주를 했어요. 각자의 연습 공간이 있었어요. 작고 오래된 집이라 귀퉁이 공간이긴 했지만 자기만의 연습실이 있다는 게 중요했죠. 엄마는 아래층 컴퓨터방이나 식탁이 있는 방이나 주방에서 그 소리를 다 듣고 계셨어요. 그러다 소리가 멈추면 크게 한마디 하셨어요. '소리가 안 들린다!'"

매기는 졸업할 때까지 매일 꼬박꼬박 등교 전 연주 연습을 했다.

"엄마는 자주 말씀하셨어요. '틀릴 때마다 근육 기억을 초기화해서 정확하게 다시 훈련시켜야 해. 그러려면 틀린 부분마다 정확한 연주를 열 번씩 해야 해.' 악보대에 동전을 올려가며 연습한 기억이 나요. 한쪽에 10페니를 두고 정확히 연주하면 1페니를 악보대에 올려놓고 음을 빼먹거나 틀리게 연주하면 1페니를 도로 내리는 식이었어요."

얼핏 보면 호랑이 부모만큼이나 엄격한 일과를 강요한 것처럼 보이지만 그렇진 않았다. 매기와 형제들에게는 선택권이 있었다.

언젠가 형제들은 일과의 변화를 원한 적이 있었다. "고등학생 때 온종일 피곤한 기분이 들어서 아침에 늦잠을 자고 싶었던 기억이 나요. 엄마는 선택권을 주셨죠. '좋아, 늦잠을 자고 싶으면 학교에 갔다 와서 3시에 바이올린 연습을 해봐. 하지만 총 연습 시간은 그대로다. 아침에 하던 연습을 오후로 옮기는 것뿐이야.'"

하지만 연습 시간을 방과후로 변경하자 형제들은 더 피곤해했다. 아침에 연습을 시킨 어머니의 방식이 옳았던 것이다. 결국 형제들의 요청으로 연습 시간은 다시 원래대로 돌아왔다.

이런 선택권은 연습에만 적용된 게 아니었다. 연주를 할지 안 할지 결정하는 것도 해당되었다. 매기는 형제 중 누구라도 본인이 정말로 원해서 악기 연주를 그만두겠다고 했다면 부모님이 허락했을 것이라고 말했다. 협상불가의 명령으로 결정을 강요하는 것과는 차원이 다른 양육이었다. 매기의 오빠는 실제로 연주를 한동안 그만두고 몇 년간 커피 전문점에서 일하기도 했다. 하지만 결국엔 음악계로 돌아와 석사 학위를 취득했다.

매기의 부모가 이끌어낸 결과는 호랑이 부모들이 구하는 결과와 똑같지만 매기 영의 가정에서 확연히 느껴지듯 그것은 독재적 결과도, 공장식 영재 양성의 결과도 아니었다. 오히려 매기 영의 가정은 자유로운 분위기가 일상적으로 배어 있었다. 독서, 대화, 텔레비전 시청이 자유로웠고 말 그대로 집안엔 음악 소리로 가득했다. 저녁 시간의 토론은 활기가 넘쳤고 독서는 가족 모두가 좋아하는 취미였다.

"저희 집 식당에는 300여 권의 책들이 있었어요. 그중엔 문학도 있었고 아닌 것도 있었지만 아무튼 훌륭한 조합으로 갖춰져 있었어요. 부모님의 독서 취향은 멜빌이나 포크너의 대작은 아니었지만 두 분은 책 읽기를 생활화하셨어요. 잠자리에 들기 전에 꼭 책을 읽으셨고 도서관에 갈 때 저희를 꼭 데려가셨어요. 엄마는 이러셨어요. '도서관에서 들고 갈 수 있는 한 많은 책을 빌려봐.' 전 책을 쌓아놓길 좋아했어요. 그래서 항상 침대맡에 빌려온 책 전부를 쌓아뒀어요. 열 권의 책을 놔두는 경우도 흔했어요. 전 그냥 쌓아두기만 하는 편이었지만 밤에 제 방에서 내다보면 부모님은 항상 침대에 앉아 책을 읽고 계셨어요."

매기의 어머니는 자신의 네 자녀뿐만 아니라 다른 아이들에게도 훌륭한 바이올린 지도사로 스즈키 교수법을 훈련받은 교사였다. 스즈키 교수법의 창시자인 일본의 바이올리니스트 스즈키 신이치는 철학적 및 인도주의적 기반에 따른 이 지도법이 아이들에게 올바른 도덕률을 따르도록 고쳐시켜준다고 믿었다.

매기가 조기 음악 레슨에서 중요시한 본질은 완벽해지는 것이 아니었다. 기강을 배우고 '그래, 이제 알겠어!'의 순간을 경험함으로써 열심히 노력하는 것의 가치와 보상을 깨닫는 일이었다.

부모가 이끌어주는 성과

일부 사람들은 매기 형제의 부모를 가혹한 독재자로 넘겨짚기 쉽다. '쯧쯧, 가여운 아이들!' 이렇게 생각하면 부담이 덜어진다. '내 아이가 성공하길 바라지만 아이의 행복을 희생시키면서까지 그러고 싶진 않아'라고 말할 여지가 생기기 때문이다. 하지만 이러한 관점은 뛰어난 실력을 펼치고 있을 뿐만 아니라 그 과정을 즐기기도 하는 매기나 다른 성취자들에게는 공허한 소리로 들릴 뿐이다.

어린 시절의 산구는 아버지와 격의 없이 대화를 나누는 시간을 학수고대했다. 리사 손과 그녀의 오빠는 저녁 식사 전 구구단을 암송하는 시간이 되면 놀 때만큼이나 신이 났다. 매기는 아무리 기억을 더듬어도 바이올린 연주가 즐겁지 않은 때가 없었다. 이처럼 우리가 만난 사람들이 그렇게 대단한 성과를 거둔 이유는 성과를 내도록 강압을 받아서가 아니었다. 마스터 부모가 배움에 재미를 붙이게 해주고 나서 흥미를 잃지 않도록 필요한 자원을 마련해준 덕분이었다.

Chapter 12

우수성을 갖추려면 열정과 자기절제 사이에서 균형을 잘 맞춰야 한다. 협상가로서 마스터 부모는 자녀가 자신의 관심을 좇을 기회 뿐만 아니라 시간 계획과 행동방침을 스스로 결정해볼 기회를 마련해준다. 또한 자녀의 열정을 키워주는 동시에 그 열정을 성공으로 이어갈 만한 수단까지 쥐어준다. 이러한 협상가 부모의 자녀는 현명한 의사결정을 내리고 자신에게 필요한 관심과 자원을 얻기 위해 자기주장을 야무지게 펼치는 동시에 최고의 자신이 되기 위해 끊임없이 노력한다.

호랑이 양육은 효과적일까?

양육 공식에 따라 자란 아이들은 일찍부터 부모에게 자기주장을 펴는 요령을 익힌다. 그 결과 자신의 의견을 설득력 있게 펼쳐 나간다. 하지만 전통적인 아시아계 부모들은 자녀에게 협상을 벌일 기회를 격려해주지 않는 경향이 있다.

중국 남부 지방 출신의 가정에서 자란 에이미 추아가 자신의 책에서 밝힌 것처럼 그녀의 "부모님은 나에게 선택권을 준 적도, 무슨 일이건 내 의견을 물어본 적도 없으셨다." 반면에 유대계 미국인 남편의 부모님은 다른 대다수 미국인들처럼 "개인의 선택을 인정해주고 자립심과 창의성, 권위자에 대한 의문 제기를 중요하게 여겼"다고 한다. 그런데 책을 읽다보면 남편의 부모를 비롯하여 추아가 너무 많은 선택의 자유를 허용해서 문제라고 지적한 미국인 부모들이 오히려 협상가 역할의 부모처럼 느껴진다. 그렇다면 이런 협상가 역할과 양육 공식 전반이 미국인 특유의 이념에 뿌리를 두고 있는 것은 아닐까?

표준화 시험 점수에 관한 한 미국보다 상위권에 드는 나라가 많아지면서 요즘엔 최고의 교육을 찾아 다른 곳으로 시선을 돌리는 추세다. 하지만 표준화 시험은 성공을 가늠하는 기준으로는 불충분하다. 기껏해야 인지력만을 측정해줄 뿐인데, 지금까지 살펴봤다시피 충만한 자아실현을 위해서는 인지력 외에도 훨씬 많은 능력이 요구된다.

더군다나 우리는 그런 상위권 국가들에서도 양육 공식이 보다 나은 결과를 이끌어냈을 것이라고 생각한다. 양육 공식이 이렇게 효과를 발휘하는 이유가 혹시 미국 문화에서 중시하는 개인성과 자유로운 사고에 바탕을 두었기 때문은 아닐까? 자기표현력과 협상 기술을 길러주는 양육 공식은 미국 특유의 양육 방식인 걸까?

우리의 대답은 '그렇다'이다.

부모가 협상가 역할을 잘해주려면 공손하게 반대 견해를 밝히려는 자녀의 노력을 반겨줘야 한다. 이런 일은 문화적으로 미국 부모들에게는, 다른 나라들, 특히 아시아나 중동의 부모에 비해 비교적 자연스러운 일로 느껴질 만하다. 왜일까? 언론의 자유를 보장하는 미국 수정헌법 제1조부터 시작해서, 미국의 정치적 DNA에는 독자적 사고와 발언의 자유, 개방적인 의견 교류가 깊이 배어 있기 때문이다.

하지만 아시아계 사람들의 이야기는 이런 패턴과 차이가 있었다. 협상가 역할을 펼쳐준 부모의 사례는 찾기가 힘들었으나, 그 이유는 저마다 달랐다.

잘 모르는 사람의 관점에서는 (중국, 일본, 한국의) 아시아계 미국인 가족들이 자녀의 자기표현 권리를 제한하는 것처럼 보인다. 하지만 미국인들의 관점에서 해석한 이런 권위자에 대한 도전의 금지를, 중국인들은 아이에게 적절하거나 바람직한 행동을 '교육'한다는 의미로 여긴다. 연구가 루스 차오에 따르면 이렇게 기준을 강요하는 이유는 '아이를 휘어잡으려는 것이 아니라 남들과 화목하게 지내려는 가족적·사회적 목표와 더불어 가족의 결속을 다지기 위한 것'이라고 한다.

이러한 화목한 관계에는 아이가 어른의 명령에 잘 따르는 자세도 수반된다. 중국의 학령기 문화와 가장 관련이 깊은 말로 '다스린다, 관리하다'는 뜻의 중국어 '관(管)'은 교실에서 교사가 아이를 단속하는 것과 가정에서 부모가 아이를 단속하는 것을 두루 아우르는 개념이다. 여기에는 엄한 단속을 통해 보살피는 동시에 걱정해주는 마음이 담겨 있다. 유교 사상에서는 나이 많은 윗사람들이 베풀어주는 보살핌, 염려, 헌신에 대한 보답으로 나이 어린 아랫사람들이 순종, 공경, 충정, 즉 한마디로 말해 효심을 보여야 한다고 여긴다. 학교에서 착하게 행동하면서 열심히 공부해 높은 성적을 받는 것을 어른에 대한 존경의 표시로 보는 견해도 있다.

하지만 몇몇 증거에 의하면 중국계 미국인들은 호랑이 부모보다 마스터 부모에 더 가까운 경향을 보이며, 그 정도도 우리가 그동안 생각했던 것보다 더 높다. 그럼에도 2013년의 연구에서 444명의 중국계 미국인 아이들과 부모들을 대상으로 조사한 결과에서는 호랑이 양육이 허상이 아닌 실재하는 현상인 것으로 나타났다. 한편 부모와 자녀 간의 대화에서 온정과 논리가 더 많이 수반되는 양육, 즉 연구논문을 발표한 저자들이 이름 붙인 이른바 '격려적 양육'이 부모로서의 효율성에서 호랑이 양육을 앞서는 것으로 밝혀지기도 했다. 격려적 양육의 원칙은 양육 공식의 원칙과도 아주 밀접하다.

다음은 논문 저자들의 글이다. "낮은 학업 압박과 높은 성적, 높은 교육 성취도, 낮은 우울 증상, 부모와 자녀 간의 가까운 거리감, 가족으로서의 높은 의무 의식 등 바람직한 발달성과 연관된 쪽은 사실상 호랑이 양육이 아닌 격려적 양육이다."

리사 손은 한국계 미국인이며 호랑이 엄마와는 거리가 멀지만 에이미 추아의 양육법이나, 다른 아시아의 양육 스타일에 대해 높이 평가하고 있다. 한 예로, 아이가 악기를 배우거나 기술을 습득할 때 어려운 고비를 끝까지 버티도록 다그치려는 사고방식이 마음에 든다고 한다. 그 래야 아이가 '그래, 엄마 아빠는 나에게 더 잘해낼 수 있는 능력이 있다고 믿고 계신 거야'라고 생각하게 된다는 것이 그 이유다.

그런데 리사는 많은 미국인들이 모르는 것이 있다고 지적했다. 한국계 미국인들, 그중에서도 특히 미국에서 태어났거나 거주해온 사람들일수록 양육 공식의 원칙들과 보다 밀접한 태도를 취하는 미국적 양육 방식을 따르고 있다는 것이다.

리사는 매년 여름마다 한국에 가는데 몇 년 전에는 한국에서 방영하는 다큐멘터리에 출연해 자신의 전문 연구분야인 메타인지와 관련된 이야기를 했다. 이 다큐멘터리의 제작 의도는 양육과 지도에 관한 한국인의 사고방식에 변화를 자극해, 창의성을 격려해주고 솔직한 의사 표현을 장려하려는 것이었다.

이 다큐멘터리는 큰 인기를 끌어 시청자 수가 300만 명에 달했다.

"저는 제가 아는 여러 사람에게 시청을 권했어요. 시청 후에는 이렇게들 말하더군요. '맞아요, 행복이 중요해요. 아이들이 선생님이 시키는 대로 따르기만 할 게 아니라 어떻게든 스스로 생각할 줄 알게 해줘야겠어요.'"

하지만 리사는 변화가 더딜 것이라며, 이 책에 나오는 마스터 부모들처럼 창의성과 자기표현을 격려해주는 교육을 경험해본 사람들이 더 많이 나서줄 필요가 있다고 강조했다.

Chapter 13

하버드 인재들은
어떻게 실패를 이겨내는가?

"죽지 않을 만큼의 시련은 우리를 더 강하게 단련시켜준다." 독일의 철학자 프리드리히 니체가 100년도 더 전에 남긴 명언이다. 이는 용기를 주는 말이지만 전적으로 맞는 말은 아니다. 비극은 사람을 평생토록 피폐하게 만들 수 있고, 실제로도 그런 사례가 많다. 하지만 안 좋은 일이 생겼을 때 주체 의식과 자기효능감, 확고한 사명이 있다면 어려움을 보다 잘 이겨낼 수 있다.

마스터 부모의 자녀는 문제가 연달아 발생해도 강한 정신으로 정면으로 맞서면서 해결하고자 노력하기에 그만큼 극복해낼 가능성도 높다.

관건은 우리 앞에 놓인 난관을 바라보는 관점에 있다. 육상경기

종목에서 장애물 경주는 글자 그대로 장애물을 넘어야 하는 경기다. 뛰어난 장애물 선수가 되려면 전속력으로 달리면서 1.067미터 높이의 철제 장애물을 연속으로 넘어가야 한다. 이때 장애물 선수는 멈추지 않고 속력을 내어 달려야 한다. 혹 장애물에 걸려 넘어지더라도 이를 다음 경기를 위한 교훈으로 삼는다면 실패한 것이 아니다.

우리가 만난 성공한 사람들도 장애물 경주 선수처럼 난관을 잘 극복함으로써 끝까지 버티며 승리를 이루어냈다.

7가지 성공 마음가짐

의욕이 넘치면서도 실패를 두려워하지 않는 사람은 성취 심리학에서 말하는 '성공 마음가짐(success mindset)'을 지녔다. 성공 마음가짐이란 인식과 결정에 영향을 미치는 일련의 자세를 말한다. 인생에서 긍정적 결과에 도움을 주는 마음가짐에는 여러 가지가 있지만, 다음은 그중에서도 성공과 관련하여 가장 일관된 일곱 가지 마음가짐이다.

- 발전 : 열심히 노력하면 실력이 늘면서 더 발전하게 될 거야.
- 회복력 : 넘어져도 꿋꿋이 계속 가는 거야. 포기하지 말자.
- 소속감 : 내 적성에는 이 길이 딱 맞아. 여기가 내가 있어야 할 곳이다.

- 그릿(끈기) : 끝까지 버티면서 포기하지 않겠어.
- 과업완수 지향성 : 나만의 기준을 세웠어. 이제부터 내 목표는 할 수 있는 한 최고가 되는 거야.
- 자신감 : 나는 할 수 있어.
- 의무감 : 나에겐 자신이나 타인들을 위해 성공해야 할 의무가 있어.

이 일곱 가지 마음가짐은 바로 양육 공식이 북돋아주는 마음가짐들이다. 조기학습 파트너는 자녀에게 간단한 활동을 시키며 끈기 있는 자세를 갖춰준다. 아이는 노력하면 새로운 재능이 생긴다는 것을 터득하면서 발전의 마음가짐이 길러진다. 철학자 역할의 부모는 자녀가 목표를 찾게 도와주면서 의무감의 마음가짐을 키워주기도 한다.

우리가 만난 성공한 자녀들은 이전에 이루어낸 성취에도 불구하고 때때로 성공 마음가짐을 다잡거나 유지하기 위해 저마다의 장애물을 극복해야 했다. 몇몇 사람들은 일부 과목이 적성에 잘 맞지 않는 문제로 힘들어하기도 했고, 학업적 중압감이 너무 심해 헤매기도 했다. 아주 어릴 때부터 경미한 학업 장애에 부딪쳤던 사람도 몇 명 있었고, 훈육 문제로 애를 먹었던 사람도 있었다. 그들이 겪었던 장애물 중에는 삶을 송두리째 흔들어놓을 만한 외부적 장애물도 있었다. 대학에 갓 입학했을 때 아버지가 돌아가시는 비극을 겪었던 두 명이 그런 사례였다. 그런가 하면 비교적 내성적이거나, 남들이 잘 눈치채지 못하는 고민으로 속앓이를 한 사람들도 있었다. 한 예로, 고향에서 가장 똑똑하기로 유명했던 롭은 자신이 생각보다 똑똑한 사람이 아닐지 모른다는 생각 때문에 자주 불안해했다.

두려움을 극복해낸 방법

롭 험블은 바꿀 수 있다면 바꾸고 싶은 어린 시절의 경험이 있는데, 바로 칭찬의 빈도였다. 롭은 그렇게 많은 칭찬을 받지 않았더라면 좋았을 것이라며, 너무 많은 칭찬을 받다 보니 실패를 더 두려워하게 되었다고 했다.

롭의 고향인 콜린스빌의 사람들은 좋은 의도로 롭의 영리함을 칭찬했지만, 그 칭찬이 롭의 건강과 마음에 해로울 줄은 전혀 몰랐다.

"저는 평생 동안 거의 모든 전환기마다 실패의 두려움에 시달렸어요."

롭의 말마따나 그것은 부모님 탓이 아니다. 롭의 부모는 아들을 격려하고 지원해주면서 똑똑함이 아니라 노력을 강조했다. 밥 시니어는 초등학교 때부터 롭의 아이큐가 높다는 사실을 알았지만 아들에게 한 번도 아이큐 점수를 알려준 적이 없다. 심지어 현재까지도.

롭의 문제는 집 밖에서 불거졌다. 초등학교에서부터 중학교와 고등학교를 거쳐 그 이후까지도 누군가 롭의 똑똑함을 보고 놀라

워할 때마다 불안감이 그 마수를 뻗쳐왔다. 대기업에서 첫 직장 생활을 시작하며 자신보다 나이가 많은 직원들을 관리해야 했을 때는 1주일 정도 극심한 긴장 상태에 있었다. 하버드대 경영대학원을 졸업한 후 승승장구를 이어가면서도 심각한 불안증에 시달릴 때가 잦았다.

이런 롭에게 문제 해결 능력을 가르쳐준 아버지를 둔 것은 행운이었다. 그 상황에서 롭에게 필요한 일은 자신의 마음가짐을 바꾸는 것이었다. '사람들이 나를 실패자로 여기면 어쩌지'에서 '늘 그랬듯 이 문제도 해결할 수 있을 거야'로 마음을 다르게 먹어야 했다. 다시 말해 근면성과 문제 해결 능력을 활용해 위기에 잘 대처했던 순간들을 떠올리기로 한 것이다.

문제 해결 지향성을 갖춰주면 아이는 장애물을 퍼즐처럼 생각한다. 즉, 더 작은 과업들로 분해하면 해결할 수 있는 문제로 바라보게 되는 것이다. 기억할 테지만 롭이 네 살 때 밥 시니어는 아들에게 레고로 뭔가 새로운 것을 쌓도록 의욕을 자극했다가 그 다음엔 더 크게 쌓거나 다루기 힘든 모양의 블록들을 쌓아보도록 유도해주었다. 롭은 이후에도 어렵거나 까다로운 난관에 부딪칠 때면 머리를 싸매며 해결책을 구상하다 머릿속에 그린 대로 블록을 쌓았다.

자신을 사랑해주는 아버지를 옆에 두고 이런 문제 해결 과정을 되풀이한 것은 롭같이 불안증에 빠지기 쉬운 사람에겐 유용한 훈련이었다. 롭은 새롭게 맡은 과업에 불안감을 느낄 때면 힘든 과업을 잘 완수해냈던 이전의 기억들을 떠올리며 이번에도 잘해낼 수 있다고 마음을 다잡았다.

[발전형 마음가짐]

롭이 실패에 대한 두려움을 잠재울 해법을 찾기 위해 읽은 자료들 중에는 캐럴 드웩의 마음가짐 연구도 있다. 노력하면 더 똑똑해질 수 있다고 믿는 발전형 마음가짐을 가진 사람들과 지능이 이미 결정되어 있다고 믿는 고착형 마음가짐을 가진 사람들의 차이를 다룬 연구이다.

"전 그 연구의 한 사례자였어요."

롭은 자신이 고착형 마음가짐의 소유자에 가깝다고 여기지만 가끔씩이나마 발전형 마음가짐으로 전환된다고 생각했다. 예를 들어, 워싱턴대학교에서 열린 로봇 경진대회에서 초반에 너무 뒤처지는 바람에 엔지니어링 부문에서 탈락할 뻔했다가 최종 승리한 때가 그런 경우이다.

드웩에 따르면 고착형 마음가짐과 발전형 마음가짐 사이를 오간다고 믿는 롭의 생각은 틀린 것이 아니다.

"언제 어디서나 매사에 발전형 마음가짐을 갖는 사람은 없다. 사람은 누구나 고착형 마음가짐과 발전형 마음가짐이 혼재되어 있다. 어떤 영역에서 발전형 마음가짐이 지배적이라 해도 그런 영역에서도 여전히 고착형 마음가짐의 성향이 발동될 가능성이 있다. 아주 힘들고 익숙하지 않은 뭔가가 고착형 마음가짐을 자극할 수도 있고, 아니면 나름 자부심을 느끼고 있는 어떤 분야에서 자신보다 훨씬 뛰어난 상대를 만나면 '에휴, 능력자는 내가 아니라 저 사람이네' 하는 생각이 들 수도 있다."

당연한 얘기일 테지만 부모들이 이런 마음가짐에 큰 영향을 미치기도 한다. 드웩과 그녀의 스탠퍼드대학교 동료 카일라 헤이모비츠가 최근에 밝혀낸 것처럼 부모가 자녀의 실패에 대해 보이는 반응에 따라 자녀에게 경직되거나 고착된 마음가짐이 부추겨질 수 있다. 부모가 자녀의 형편없는 성적을 보고 걱정스러워하는 기색을 보이면 자녀는 자신의 능력이 부족하다고 느끼며 기가 죽고 불안해하다가 발전형 마음가짐보다 고착형 마음가짐을 더 키우게 된다. 드웩과 헤이모비치는 부모들에게 실패를 배움의 기회로 다루는 방법을 제안해주고 있는데, 사실상 밥 시니어와 다른 마스터 부모들이 활용했던 식의 방법과 일치한다.

현재 오스틴을 주 무대로 활동하는 성공한 사업가인 롭은 여전히 자신의 불안감을 다스리기 위해 약물에 의존하고 있다. 하지만 이런 사실을 숨기지 않는다. 솔직하게 공개하면서 정서적 문제로 도움이 필요한 사람들에게 용기를 주고 있다. 사람들에게 낙인찍힐 것을 의식하여 약을 거부했던 어머니를 보며 자란 그는 자신처럼 불안감 문제로 힘들어하면서도 그 사실을 떳떳하게 인정하는 성공한 사람들이 많다고 믿는다.

무엇을 칭찬해야 할까?

우리와 이야기를 나눈 사람들 대다수는 부모님이 학업 성과에 대한 칭찬에는 인색했다고 한다. 아이에게 똑똑하다는 칭찬을 잘 해주지 않는 것이 가혹할 수도 있다. 하지만 영리하다는 이유로 주목과 칭찬을 받다가 오만해지거나 우월감에 빠져 재능을 낭비하게 되는 아이들이 많다.

마스터 부모들이 칭찬하며 격려해주고자 한 대상은 똑똑함이 아닌 인성이었다. 이를테면 뛰어난 재능에 더해 자신의 목표 의식과 주체성까지 발휘하는 경우에 칭찬을 해주는 식이었다.

산구 델레는 경제지 《포브스》에 자신의 기사가 실릴 예정이라는 소식을 듣자마자 들떠서 집에 전화를 걸었다. 하지만 어머니의 반응에 흥이 깨졌다고 한다. "잘됐구나. 그건 그렇고 할머니께 전화는 드렸니? 식이섬유랑 비타민 사드렸고?"

이것은 단지 한 예일뿐 산구의 부모와 형제들은 그 외에도 여러 방법으로 그가 우쭐해지지 않도록 평소처럼 대해줬다.

마스터 부모들은 자녀에게 도움이 되는 일이라면 뭐든 해주려는 마음을 가졌지만 외적 성공 기준보다는 인성에 집중했다. 성적이나 상장보다는 자녀가 그렇게 자랐으면 좋겠다고 여기는 사람을 드러내놓고 칭찬했다.

다음은 데이비드의 얘기다. "지적 추구에서는 완벽에 가까운 높은 기준을 달성하지 않는 한 부모님에게 긍정적인 피드백을 받기가 힘들었어요. 하지만 부모님은 나눔과 온정, 공감, 용기 같은 착한 행동에 대해서는 아낌없이 칭찬해주셨어요. 엄마는 동생과 저에게 아이큐 점수도 알려주지 않았어요. 자만심이 생겨 정작 가장 중요한 본질을 놓칠까 봐 걱정하셨던 거예요."

하지만 마스터 부모들은 자녀의 학업적 성과에 그럴 줄 알았다는 메시지를 전달하며 무언의 칭찬을 해주었다. 윙크를 보내고 고개를 끄덕이면서 너라면 그 정도의 성과를 올릴 줄 알았다는 뉘앙스를 전했다.

이번엔 마야의 얘기를 들어보자. "굉장한 성적표를 받아와도 뛸 듯이 기뻐해주는 사람이 없었어요. '잘했어.' 말은 이렇게 해주었지만 대수롭지 않은 일처럼 반응하셨죠. 사실, 대수롭지 않은 일이 맞긴 했으니까요. 하지만 제가 옳다고 생각하는 일을 주장하거나, 리더십 역할을 맡거나, 학예회에서 공연을 하면 많은 칭찬을 해주셨어요. 부모님은 그런 일엔 칭찬을 듬뿍듬뿍 쏟아주셨어요."

마야는 유아원에서 암에 걸린 동급생과 친구가 되었을 때 어머니가 자랑스러워 마지않던 때를 떠올렸다. "다른 애들은 그 남자애가 어쩐지 우울한 얼굴을 하고 있다는 이유로 말도 걸지 않으려고 했어요. 하지만 전 그 애에게 먼저 다가가 이야기를 나눴어요. 어머닌 이 일을 일가친척 모두에게 얘기하면서 칭찬했어요. 그러면 친척들은 '그럴 줄 알았어'라는 식의 무언의 믿음을 보내주었어요."

다음은 리사 손의 회고담이다. "제가 무슨 일로 쩔쩔매거나 스트레스를 받고 있으면 부모님은 지나가는 말이나, 작은 목소리로 몇 마디 해주셨는데, 그 말이 저에겐 평생토록 귓가에 울릴 만큼 크게 느껴졌어요. '넌 잘 해낼 거야. 시간이 좀 걸릴 뿐이야.' 같은 말이었거든요."

이러한 격려는 수학이든 테니스든 피아노든, 그 외에 어떤 일을 하든 딸이 잘해낼 것이라고 믿어주는 부모님의 마음이 그대로 전해지면서 그녀의 자신감을 끌어올려 주었다. "아이들이 뭔가를 잘했을 때 사람들이 일반적으로 해주는 긍정적인 피드백과는 차원이 다른 격려의 말이었죠."

현재 마야는 자신의 어린 자녀들에게도 이러한 긍정적 피드백을 해주고 있다. "언젠가 아들이 운동화 끈 묶기를 배우다 1분 만에 짜증을 부리길래 미소를 머금고 놀란 표정을 꾸며 보이며 이렇게 말해줬어요. '에이, 이제 1분밖에 안 지났는걸. 이런 건 1년이 걸리기도 해.' 그랬더니 예상대로, 바로 짜증이 풀리더라고요."

아이를 칭찬하는 것은 효과적인 교육 수단이 될 수도 있다. 하지만 칭찬을 제대로 잘 활용하기 위한 관건은 전략적으로 대상을 정해 칭찬하는 일이다.

그릿의 힘

라이언 퀼스는 켄터키주의 농업담당 위원이 되기 위해 만만찮은 장애물들에 맞서야 했다. 우선, 주 공직에 출마하는 다른 후보들에 비해 나이가 너무 어렸다. 게다가 인지도라는 장애물까지 넘어야 했다. 주 전역에서 펼쳐지는 유세전의 요령을 민첩하게 터득하고 인지도 부족의 약점을 극복하면서 그 공직의 적격자라는 인상을 확실히 심어주어야 했다.

하지만 이 유세전은 오래전부터 시작된 여정의 연장선일 뿐이었다. 라이언에겐 자신의 비전을 이루기 위한 오랜 노력의 시간, 즉 심리학자 앤절라 더크워스가 말하는 '그릿(Grit)'이 있었다.

더크워스는 자신의 저서 『그릿』을 통해 하나의 목표에 진득하게 매달리는 사람들만의 남다른 특징을 소개한 바 있다. 그녀의 비유에 따르면 그릿은 끈기(지구력)를 갖는 문제여서 단거리 경주보다 마라톤에 가깝다. 말하자면 원대한 꿈을 이루기 위해 필요한 기량을 오랜 시간에 걸쳐 쌓아가는 식으로 하나의 목표를 향해 노력하는 것이다. 또 여기에서 말하는 원대한 꿈이란 의대를 끝까지 마치거나, 책을 쓰거나, 자동차를 개조하는 일처럼, 또는 전문 농업인이자 주 정책 입안자가 되기 위해 수년간 노력 중인 라이언처럼 강한 극기력이 필요한 일이다.

더크워스는 그릿을 평가해보는 열두 가지의 기준을 제시했는데, 그중에는 다음과 같은 대목도 들어 있다.

- 나는 퇴보를 겪어도 쉽게 좌절하거나 포기하지 않는다.
- 나는 뭐든 시작하면 끝장을 보는 사람이다.
- 완수하는 데 몇 개월 이상 걸리는 프로젝트에서도 집중력을 잃지 않는다.

더크워스가 발견한 성공의 법칙에서 그릿은 지능보다 성공과 더 높은 연관성이 있었다. 지능과 그릿을 모두 갖춘 사람들도 있긴 하지만 이 둘은 상호관련성이 그다지 높지 않다. 실제로 아이비리그 재학생들을 대상으로 진행된 조사에서 아이큐 점수가 상대적으로 높았던 학생들은 그릿 점수에서는 살짝 더 낮은 등급을 받았다. 그리고 이어진 조사 결과에서는, 그릿 점수가 높은 학생들이 똑같은 지능의 학생들보다 더 좋은 성적을 받는 것으로 나타났다.

더크워스의 말처럼 그릿이란 자신이 꿈꾸는 미래를 바라보며 그 미래를 실현시킬 때까지 멈추지 않는 것이다. 라이언은 초등학교에 들어간 이후로 농경과 정치의 두 분야에 열정을 기울여왔다. 그리고 주의회 의사당에 사환으로 뽑힌 이후부터 쭉 정치를 활용해 자신이 거주하는 지역의 농경인들을 도울 방법을 구상해왔다. 주의회에서 활동하는 잠재적 자아상을 그렸던 경험과 더불어 사환으로 일해본 경험, 자가 농장에서 열심히 일하며 자기관리 능력을 키운 경험이 보태지면서 라이언은 위원직에 당선되기 위해 갖춰야 할 후보자로서의 자질을 키웠다.

라이언은 정치 베테랑을 상대로 이겨야 하는 도전 앞에서 다른 누구보다 열심히 노력하는 방법으로 접근했다. 몇 달에 걸쳐 켄터키주 내에서만 총 10만 킬로미터나 넘는 주행거리를 이동하며 9천 가구의 문을 일일이 두드리고 다녔다. 수천 명의 사람들을 한 번에 한 명씩 만나 자신에게 표를 주는 일이 왜 켄터키주의 영세 농경인들을 돕는 방법인지를 설명한 끝에 서른두 살의 나이에 최연소 주 선출직 관리가 되었다.

메모리 슬립을 극복하다

바이올리니스트 매기 영은 우리가 이 책에서 소개하는 그 누구보다도 과업완수 지향성이 뛰어난 인물로 문제 앞에서 쩔쩔대는 모습을 상상하기 힘들다. 하지만 이런 매기도 자신의 높은 기준을 달성하기까지 몇 차례 애를 먹었다. 물론 그럴 때마다 좌절에 빠지기보다 더 실력 있는 음악가가 되기 위해 갑절의 노력을 쏟았다. 멘토이자 잘 따르던 지도교사, 로젠버그 여사의 기대에 못 미쳤을 때도 마찬가지였다.

매기는 대학원 과정 1학년 말에 가장 두려워하던 일을 겪었다. 연주 도중 악보를 잊어버리는 메모리 슬립이 찾아온 것이다. 메모리 슬립은 최정상의 음악가들조차 두려워하는 문제이다. "메모리 슬립은 아주 다양한 방식으로 나타나요. 연주가 근육에 충분히 각인되지 않아, 손에 나타나는 머슬 메모리 슬립이 올 수도 있고, 다음 악보를 까먹는 메모리 슬립이 오기도 해요."

그날 80명의 교수들로 구성된 심사원단 앞에서 나타난 매기의 메모리 슬립은 잠시여서 이해하고 넘어가줄 만도 했다. 문제는 나흘 전에 개인교사인 로젠버그 여사 앞에서도 똑같은 실수를 했고, 그날 로젠버그 여사가 심사원단으로 참여해 그녀의 연주를 지켜보고 있었다는 사실이었다. "선생님이 눈치 못 챘을 리 없었어요. 전 같은 실수를 저지른 순간 선생님을 쳐다봤어요."

실수 자체는 잘못이 아니었다. 하지만 매기나 로젠버그 여사에게 그 실수는 매기가 나흘 동안 그 실수에 신경 쓰지 않았다는 사실을 확연히 드러내주는 증거였다.

"3일을 망설이다 선생님께 전화를 걸었는데 받지 않으셔서 메시지를 남겼어요. 선생님이 메시지를 확인하고 전화를 주셨어요. '매기야, 넌 아주 재능 있는 애야. 하지만 난 재능 있는 사람들에겐 흥미가 없어. 넌 더 이상 어린 소녀가 아니야. 이젠 귀여운 나이가 아니라고. 그동안 너는 나를 아주 잘 따라줬지. 대회마다 우승을 했고 오케스트라에서 연주도 했지. 하지만 선생님은 진짜 너를 알아. 널 매주 보니까. 모두들 널 좋아하고 뛰어난 연주자라고 생각하는데 나는 그렇게 생각하지 않아.' 선생님은 얘기를 이어가다가 중간에 물으셨어요. '너 울고 있니?' 그래서 이렇게 대답했어요. '아니에요, 선생님 말씀이 다 맞아요.'"

모진 말이었지만 매기는 다 맞는 말이고 새겨들어야 한다는 걸 알았다. 로젠버그 여사가 말하려던 요지는 사고방식을 바꿔야 한다는 것이었다. 모두가 좋게 봐주는 귀엽고 재능 있는 소녀로 머물기보다는, 성숙한 음악가가 되기 위해 더 노력하면서 성적이나 교사의 인정 같은 외부적 동기가 아닌 내면적 동기에 따라야 한다는 얘기였다.

매기가 키워야 할 것은 이전보다 훨씬 더 강한 과업완수 지향성이었다.

매기는 그 연주에서 A를 받았지만 스스로는 낙제점이라고 여겼다. 이때의 메모리 슬립은 그녀의 인생에서 큰 전환점이었다. 이듬해 초에 매기는 줄리아드 음대에서의 석사 과정 2년차를 시작하며 마음가짐을 다졌다. '그래, 이제는 완전히 달라지는 거야.'

결국 그 마음가짐대로 되었다. 하지만 그러기까지는 다시 실수할까 봐 마음 졸이는 두려움을 극복해야만 했다. 매기는 방법은 딱 하나, 연습뿐이라는 것을 잘 알았다. 악보대에 동전을 올려가며 연습했던 것과 어머니가 해주었던 말을 떠올렸다. "틀릴 때마다 근육기억을 초기화해서 정확하게 다시 훈련시켜야 해."

"아주 어릴 때 잡아놓은 머슬 메모리는 평생이 가도록 영향을 미쳐요." 아주 어릴 때 키워놓은 과업완수 지향성도 마찬가지다.

메모리 슬립을 떨쳐내려 안간힘을 쓰던 스물세 살의 바로 그해에 매기는 예전에 우승을 놓친 대회에 나가기로 마음먹었다. 지난번에는 그다지 열심히 노력하지 않았지만 이번엔 이를 악물고 노력했다. "마음을 굳게 먹고 정말로 열심히 노력했지만 우승을 하지는 못했어요. 울면서 엄마에게 전화를 걸었던 일이랑, 이틀 동안 침대에 누워 있기만 했던 기억이 나요. 노력을 안 하고 지는 것과 정말 노력했는데도 지는 것은 다르니까요. 우승자와 절 비교해보니 우리 둘 다 진로에 있어 같은 시점에 와 있었어요. '두 번 다시 그 애한테 질 수는 없어.' 그렇게 방에 혼자 틀어박혀 있다가 문뜩 이런 생각이 들었어요. '틀림없이 그 애는 지금도 연습 중일 거야.'"

매기는 이제 라이벌을 갖게 되었다. 라이벌 두기는 이 책에서 소개하는 성공한 사람들의 공통된 성향이다. 이들 대부분은 자신의 과거 실력과 비교해 진전도를 판단하면서 한두 명의 경쟁할 만한 상대와 자신을 비교 평가해본다. 그러곤 매기처럼 이전보다 더 분발해 실력을 키운다.

이듬해에 매기의 노력은 그 빛을 발했다. 매기는 그 어느 대회보다 쟁쟁한 대회에서 우승을 거두며 카네기홀 무대에 올라 솔로 연주를 하는 영광을 얻었다.

미래의 뉴스 앵커, 말을 더듬다

현재 CNN의 유명 기자인 수잔 말보는 어릴 때 자신에게 언어장애가 있다는 것을 의식하지 못했다. "학교에 가길 좋아했지만 초반부터 교정반에 배정받았어요. 자주 말을 더듬었는데 그때는 제가 그렇게 말을 더듬는다는 걸 자각하지 못했어요. 제 생각엔 보호받아서 그랬던 것 같아요."

수잔이 그렇게 여기는 데는 그만한 이유가 있다. 수잔이 장애물을 극복하기 위해서는 자신감이 필요했는데, 수잔네 가정에서는 그러한 자신감을 끌어내는 일이 그다지 어렵지 않았기 때문이다.

수잔은 유치원 때 받아온 성적표를 떠올리며 말했다. "이렇게 쓰여 있었어요. '수업 시간에 버터를 만들고 나서 수잔에게 버터 만드는 법을 물었더니 얘기하지 못했어요.' 그래서 주의력과 여러 능력을 테스트하는 일들이 있었죠. 해마다 그런 테스트를 받다가 결국엔 언어 특별반에 들어가게 되었어요."

수잔은 매주 몇 시간씩 정규 수업에서 빠져 다른 교실에서 두 명의 사고뭉치들과 수업을 받았다. "그 애들을 평생 못 잊을 거예요. 한순간도 가만히 있질 않아서 얼마나 정신없었는지 몰라요. 그 별도의 교실에서 전 헤드폰을 쓰고 단어를 반복해서 들었어요."

수잔은 뭔가 잘못되었다는 느낌이 들었다. 그곳은 자신이 있을 곳이 아닌 것 같았다. 하지만 그것을 말로 어떻게 표현해야 할지 몰랐다.

"그때의 느낌은 이랬어요. '내가 여기에서 뭘 하고 있는 거지? 내가 왜 여기에 있는 거지? 난 저 책장에 있는 책들을 다 읽을 수 있으니까 여기에 올 필요가 없을 것 같은데.' 다행이었던 건 저는 제가 말을 더듬는다는 걸 몰랐다는 거예요. 제가 버터 만드는 방법을 잘 설명하지 못한다는 것도 몰랐어요. 부모님이 저한테는 안 보여주셨거든요. 한참 나중에야 파일철을 열어봤다가 보게 되었어요."

수잔의 여동생, 수제트는 부모님이 그러셨던 이유가 수잔에게 특정한 고정관념이 씌워지거나 수잔 스스로가 고정관념을 갖지 않게 해주려던 것이라고 믿고 있다. 초등학교에 다니던 시절에 수제트 역시 공부를 잘해서 주목받는 학생은 아니었다. 한때는 영재반에 배정받기도 했지만 얼마 못 가서 다시 보통반으로 돌아왔다. 수잔은 구구단에 애를 먹었고 수제트는 시계를 못 읽어서 쩔쩔맸다.

다음은 수제트의 말이다. "아빠는 그걸 눈치채고 있었던 모양인지, 저한테 시간을 물어보셨어요. 제가 수잔을 쳐다봤더니 아빠가 이러셨어요. '아니야, 수제트. 지금 몇 시인지 네가 말해봐.' 전 대답하지 못했어요."

수잔과 수제트 자매의 집에서는 그럴 때마다 당황하면서 수선을 피운 것이 아니라 문제를 해결하고 장애물을 극복하기 위해 차분하게 대처했다. 수잔의 부모는 딸에게 무슨 문제가 있다는 식의 얘기를 한 적이 없다. 그저 더 열심히 노력하게 북돋우며 자신감을 잃지 않게 이끌어주었다.

"전 몇 시간씩 제 방에서 왔다 갔다 하면서 구구단을 완전히 외우려고 했어요. 가족 모두가 함께 동참하기도 했는데 많은 격려를 받게 되어 효과적이었죠. 하지만 '자, 집중해야 해.' 이런 분위기도 있었어요."

수잔과 수제트는 모두 중학교 때 학업에서 출중한 실력을 보이며 올 A를 받았다. 한편 밴드와 치어리더, 보이스카우트, 학생자치회, 우등생 모임, 연극 등의 활동에도 참여하며 이 모든 활동에서 자신감을 발휘했다.

인생을 살아가다 보면 사실상 우리의 발목을 잡는 유일한 장애물이 자기회의일 때가 많다. 그래서 마스터 부모가 길러주는 내면의 목소리가 그만큼 중요하다. 내면의 목소리는 최고의 자아가 내는 목소리이며, 이 목소리는 새로운 장애물을 극복할 때마다 점점 자신감이 높아진다.

부모를 통해 난관 앞에서 움츠러들기보다 맞서 대항하는 기술을 배운 자녀들은 새로운 장애물이 나타날 때마다 스스로에게 이렇게 말한다. '이번에도 해낼 수 있어.'

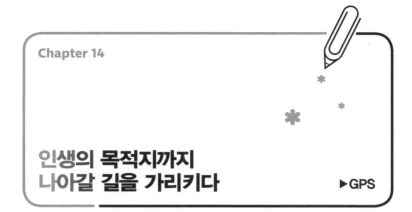

Chapter 14

인생의 목적지까지 나아갈 길을 가리키다
▶GPS

산구는 다섯 살이 되었을 때 어머니의 말씀에 따라 특별한 의식을 실천했다. "취침 기도를 드리기 전에 방안의 거울을 들여다보며 스스로에게 물어보렴. '오늘 내가 무언가 해낸 일이 있나?' 그러곤 오늘 무언가를 했다는 자신감이 들면 그때 취침 기도를 드리고 잠자리에 들어봐." 당시엔 집안의 작은 가족도서관으로 가서 책을 읽거나 공부를 하고 와야만 최소한의 과제를 마친 느낌이 들었던 밤들이 여러 날이었다고 한다.

어머니의 말씀은 산구가 대학에 들어가서도 내내 뇌리에 남았고, 현재까지도 시간을 허비하지 않도록 자극하는 지침이 되어주고 있다.

"요즘에도 자려다가 '오늘은 뭐 하나 생산적인 일을 한 게 없네' 라는 생각이 들면 바로 잠을 안 자요. 침대에서 나와 뭐라도 읽다가 자곤 해요."

그렇다고 해서 산구가 어머니의 말씀을 항상 이해했던 것은 아니다. "가끔은 별스럽다는 생각이 들었어요. '내가 왜 이러고 있지?' 하는 생각을 한 적도 있어요. 하지만 나이를 먹으면서 어머니가 왜 그런 말씀을 하셨는지 점점 이해하게 되더군요."

평생 자녀를 따라다니는 부모의 말

우리가 만나본 마스터 부모들은 산구의 어머니처럼 저마다 특별한 조언들을 전해주었고, 이 조언들은 수년이 지나도록 자녀들의 머릿속에 저장되면서 필요한 순간에 지혜의 목소리가 되어주고 있다.

롭 험블이 대학 신입생 때 로봇을 만들 자신감을 얻은 사례를 떠올려보자. 당시에 실력이 부족하다는 불안감에 사로잡혀 있던 롭은 부담스러운 도전을 앞두고 해낼 수 있다는 근거가 필요했다. 롭의 아버지는 평생 롭에게 문제 해결의 모범을 보여주었다. 롭이 특히 좋아하는 아버지의 말씀은 '문제를 분해해보면 해결책이 보이기 마련이다'였다. 그날 롭에게 할 일을 상기시켜준 것도 바로 아버지의 그 말씀이었다.

"인상이 제일 중요해. 첫인상을 남길 기회는 한 번뿐이다." 일레인이 아들 척에게 입버릇처럼 한 말이다. 그녀는 사람의 태도는 겉모습에 따라 다르다는 사실을 깨닫고 아들에게 중산층에서 입는 단정한 옷차림을 정해주었다. "저소득층 공영주택에 사는 걸 티 낼 필요는 없어." 척이 어머니에게 수도 없이 들었던 말이다.

척이 귀에 못이 박히게 들은 또 다른 말은 "남들 앞에 부끄럽지 않아야 한다"는 메시지로 이는 현재도 척에게 지침이 되어주고 있다. 색색의 양말에서부터 그의 상징과도 같은 나비넥타이, 다양한 디자인의 커프스단추, 시어서커 원단의 정장들까지 척은 지금도 밖에 나가면 겉모습으로 사람을 판단하는 누군가가 있기 마련이라는 어머니의 신념에 따라 옷차림에 신경을 쓰며 살고 있다.

매기가 풋 차트를 밟고 서서 바이올린을 연주하던 어머니가 가르쳐준 자세는 20년이 더 지나 카네기홀의 무대에 오르던 순간에 그녀에게 힘이 되어주었다. 외교관 데이비드 마르티네스는 이라크 시민들의 미국 이민을 결정하는 업무를 맡았을 때 다른 사람들의 입장이 되어볼 줄 알아야 한다고 가르쳤던 부모님의 말씀이 귓가에 맴돌았다.

롭, 척, 매기, 데이비드를 비롯하여 여러 인물들을 따라다녔던 부모님의 말씀들은 바로 양육 공식에서 가장 마지막이자 가장 색다른 역할인, GPS 역할을 해준 것이었다. 마스터 부모는 자녀들에게 수년에 걸쳐 일관된 메시지를 들려주면서 자녀의 기억 속에 그 메시지를 영구히 심어준다.

GPS 역할은 양육 공식의 다른 역할과는 달리 실시간으로 자녀에게 영향을 미치는 게 아니다. 부모가 과거에서부터 시간을 건너와 자녀에게 말을 거는 것이나 다름없다. 해야 할 도전에 직면한 순간에 자녀에게 메아리처럼 되울리는 이러한 목소리들은 부모가 GPS 역할 외의 다른 역할들에서 행한 모든 것의 완성판이라 할만하다.

형제들에 대해 다룬 장에서도 살펴봤듯이 자녀들이 부모에게 배우는 데는 자녀의 수용력이 중요하다. 하지만 이러한 수용력이 최대의 결실을 맺는 시기는 성인기에 이르렀을 때이다. 마스터 부모는 여러 역할을 통해, 즉 철학자 역할, 협상가 역할, 롤 모델 역할 등을 수행해주며 자녀에게 지혜를 전해준다. 하지만 그런 지혜를 유난히 잘 받아들이는 자녀가 있다. 우리와 인터뷰한 사람들도 수용력이 높은 편이었다. 부모의 조언을 잘 들었을 뿐만 아니라 이를 내비게이션의 음성처럼 내면에 채워두었다.

부모의 내비게이션 음성은 단순히 좋은 말들을 새겨듣게 하는 데 그치지 않는다. 넓은 의미에서 보면 GPS 역할은 자녀들이 부모에게 배운 통찰력의 지도다. 자녀들에게 방향 감각을 심어줌으로써 인생을 잘 헤쳐 나가 충만한 자아실현을 이루도록 이끌어주는 것이다.

좋은 부모가 좋은 부모를 만든다

여기에서는 반드시 짚고 넘어갈 부분이 있다. GPS는 성인이 된 자녀의 인생에서 가장 힘든 시기에만 작동하는 역할이 아니다. 행복한 순간에도 중요한 역할을 하는 경우가 많은데, 바로 자녀 자신이 부모가 될 때다. 부모가 모델을 보여준 양육은, 다음 세대 부모가 참고할 소중한 각본이 되어준다.

예를 들어 밥 시니어의 교육법은 현재 아내와 함께 두 자녀를 키우고 있는 롭의 교육법이 되어주고 있다.

롭의 아들은 롭이 어렸을 때 그랬던 것처럼 공학자로서의 싹을 보이고 있다. "아들은 네 살도 되기 전에 기본적인 덧셈을 했어요. 그리고 다섯 살 생일을 맞을 때쯤엔 기본적인 곱셈을 했고요. 레고, 마인크래프트, 종이 접기에 푹 빠졌고 RC카, 중장비류 장난감, 드론, 글라이더, 낙하산 병정 장난감 등 움직이는 거면 뭐든 재미있어 했어요." 그리고 어릴 때 롭이 뜨개질을 배웠던 것처럼 그의 아들도 코바늘 뜨개질을 배웠다.

롭은 아들에게 새로운 기기를 알려주고 나서 아들이 어떻게 창의성을 발휘하는지 지켜보길 좋아한다. "예를 들어 제가 레고와 끈으로 아들에게 도르래 만드는 법을 가르쳐주면 아들은 엘리베이터가 있는 3층짜리 건물을 만들어보는 식이에요."

롭은 최고의 학습 파트너였던 아버지가 활용한 자원들 외에도 유튜브의 인터넷 강좌 등 다양한 수단을 활용하면서 놀이 시간을 새로운 차원으로 끌어올리고 있다. 언젠가 한번은 아들과 함께 어떤 강좌를 보고 착안하여 마분지와 주사기로 로봇 팔을 만들었다. 원격 조정이 되는 팔이었는데 롭이 대학생 때 만든 로봇이 생각났다고 한다. 유튜브에서 보고 따라 만든 것 중에는 공압식 로켓 발사기도 있었는데, 롭의 아들은 로켓의 다양한 작동 방식을 알고 싶어 했다.

롭과 그의 아내 애나는 자녀들의 상상력 키워주기에 중점을 두며 양육을 하고 있다. 롭은 경험을 통해 상상력이 인지 능력을 발달시켜준다는 점을 잘 알고 있다.

수학을 좋아한다는 롭의 여섯 살 된 아들은 레고 블록으로 만들어보고 싶은 것들을 상상해보는 반면, 세 살인 딸은 캐릭터와 이야기를 상상해본다.

"딸은 예술성과 상상력이 뛰어나요. 곧잘 자기가 어떤 사람이나 다른 무언가가 된 것처럼 흉내 내면서 요정, 거인, 나비, 공주 등 수많은 캐릭터가 등장하는 정교한 이야기를 만들어내죠. 보통은 하루에 두세 번 옷을 갈아입으면서 자신만의 이야기 한 편을 완성시켜요.

저희는 꼬치꼬치 참견하며 다그치는 부모는 되지 않으려고 신경 쓰고 있어요. 그냥 아이들의 흥미를 만족시켜주려고 애쓰고 있지만 가끔은 지치기도 해요."

그래도 다행이라면 여전히 현명하고 자상한 그의 아버지가 가까이 계신다는 것이다. 롭은 인생 목표가 무엇이냐는 질문에 아들과 딸을 행복하고 똑똑한 사람으로 키우는 일에 많은 시간을 쏟는 것이라고 답했다. "제가 그렇게 양육을 받아서 그런지 저에겐 그런 식의 양육이 자연스럽게 느껴져요."

"배움은 학교에서만 이뤄지는 게 아니다." 엔가이 크로앨은 어릴 때 아버지가 자주 하던 이 말을 아직도 기억하고 있다. 실제로 아버지는 엔가이와 쌍둥이 자매 아이다와 엔에이카를 밖으로 데리고 나가 구름이 어떻게 형성되는지 등을 얘기해주곤 했다.

이제 아버지가 된 엔가이는 아내 카일라와 함께 양육에 대해 공부하며 배운 것들을 주의 깊게 적용하고 있다. 한 예로 엔가이는 단어를 구성하는 소리의 최소단위인 음소에 대한 내용을 읽다가 아주 어린 나이에 음소를 듣지 않으면 그 언어를 배우기가 더 힘들어지는 원리를 알게 되었다. 아이들이 태내에서도 소리를 들을 수 있다는 사실도 알았다. 그래서 딸이 태어나기 전에 엔가이와 카일라는 영어와 프랑스어로 책을 읽어주고 두 언어로 된 음악을 틀어놓았다. 스페인어를 하는 유모를 고용하기도 했다. 현재 걸음마를 뗀 딸은 세 개의 언어를 구분할 줄 알아서 유모에겐 주로 스페인어로 말하고, 부모에게는 영어로 말하고 있다.

그렇다면 이 부부의 목표는 뭘까? 카일라는 '딸이 배움을 즐기게 해주는 것'이라고 답했다. 엔가이의 아버지가 엔가이와 쌍둥이 자매를 키우며 가졌던 목표와 같다.

두 어린 자녀가 스페인어에 능통하도록 유도해주는 것은 데이비드 마르티네스에게도 중요한 일이다. 데이비드는 자신이 외교관으로 일하면서 남미의 콜롬비아에 살 때 큰아들을 스페인어를 사용하는 어린이집에 보냈는데 여기에는 모계에 스페인의 조상이 있었던 이유도 작용했다.

"저희는 집에서 아들과 책을 읽을 때 단어를 가리키며 영어와 스페인어로 말합니다. 아들이 그 단어들을 계속 기억하지 못하거나, 나중에 잊어버리더라도 제가 살펴본 연구에 따르면 생후부터 4세 사이에 두 언어를 모두 쓰게 해주면 사고를 넓혀준다고 합니다. 새로운 단어만 배우는 게 아니라 세상에 대한 또 다른 관점도 생기는 거죠."

데이비드는 부모님이 자신과 남동생 다니엘의 열정 프로젝트를 격려해주었던 기억도 가슴에 새기고 있다. 도마뱀을 찾아 데이비드와 함께 사막을 샅샅이 뒤지고 다녀주었던 일에서부터 새로운 롤러코스터를 태워주기 위해 전국 곳곳의 테마파크에 다니엘을 데려가 주었던 일에 이르기까지. 모든 기억을 떠올리며 똑같이 본받으려 애쓰고 있다. 데이비드 부부는 그의 아버지처럼 아이들이 아주 관심 있어 할 만한 흥밋거리들을 찾아주고 있다. "저희 큰아들은 밝은 분홍색 오징어 장난감을 자주 가지고 놀아요. 아내가 코니아일랜드에 놀러갔다가 상품으로 받은 장난감이죠. 콜롬비아에 살 때는 아들이 이 오징어 장난감을 들고 돌아다니면 사람들이 막 수군거렸어요. '에구 에구, 남자애가 왜 분홍색 장난감을 가지고 놀까나. 분홍색은 여자애들이나 좋아하는 색인데.' 뭐, 이런 말들을 하면서 그 분홍색 오징어를 치워버리라고 하더군요."

데이비드와 그의 아내는 여기에 똑 부러지게 대꾸했다. "그럴 순 없어요! 그냥 가지고 놀게 둘 거예요. 아들이 저렇게 좋아하는데 저희도 같이 좋아해줘야죠."

"아들이 어떤 취미를 좋아하게 되든 저희는 유연하게 대처할 거예요. 아들이 바비 인형을 가지고 놀고 싶어 하면 그렇게 해줄 겁니다. 어떤 식으로든 아이들의 창의성을 억누르고 싶지는 않아요."

과거로부터 전해오는 것들

수제트 말보도 자신의 딸을 키우며 그와 똑같은 마음을 가졌다. 네일라 하퍼-말보는 이 책에 등장하는 성공한 사람들의 자녀 가운데 가장 나이가 많다. 그래서 이들의 자녀가 어떤 인물로 성장할지를 보여주는 좋은 사례이기도 하다. 2016년에 예일대학교를 졸업한 네일라는 플로이드와 미르나가 수제트와 수잔을 키웠던 방법과 비슷한 교육을 받아왔다.

미르나가 그랬듯 수제트도 딸이 과제를 꼼꼼히 잘하도록 도와주었다. "엄마는 발표용 보드판과 갖가지 준비물이 필요한 정신없고 버거운 과제를 할 때면 자주 도와주셨어요. 작문을 할 때는 엄마가 같이 앉아서 교정을 봐주기도 했어요. 엄마는 수정할 만한 사소한 사항들을 짚어주었는데 그런 지도 덕분에 세세한 부분까지 놓치지 않는 요령을 배웠어요. 엄마의 그런 직접적 개입은 저에게 큰 도움이 되었어요. 전 언제나 잘하려는 내적 의욕이 강한 편이었는데, 그런 근성도 엄마에게 물려받은 것 같아요."

'할 수 있다'는 정신을 수제트에게 물려준 사람은 수제트의 아버지 플로이드였고, 플로이드도 그의 어머니에게 물려받은 것이었다. 그런데다 네일라의 어린 시절 양육은 할머니의 영향이 컸다.

수제트는 딸에게 장애물을 극복하는 방법을 알려주기 위해 미르나가 입버릇처럼 하던 말을 빌려왔다. "두려움이 밀려와도 어떻게든 해봐야 해."

"그 말은 제 인생에서 정말로 도움이 되었어요." 네일라는 그 말이 원래 할머니가 했던 말씀이라는 것도 모른 채 계속 말을 이었다. "제가 '자신이 없어요'나 '이 일은 해본 적도 없고 자격증도 없잖아요.' 같은 말을 하면 엄마는 '두려움이 밀려와도 어떻게든 해봐야 해'라고 격려해줬어요."

연극 연출가인 네일라는 일의 특성상 자신보다 나이가 훨씬 많은 배우들을 지휘하게 되는데 그러다 보니 위축감이 들기도 한다. 하지만 어느 순간부터 네일라는 두려움이란 바른 방향으로 가고 있는지 가늠해볼 나침반일 뿐이라고 믿게 되었다. "겁나서 엄두가 나지 않는 그 일이 꼭 시도해야 할 중요한 일이라는 느낌이 들 때가 있어요. 그럴 때는 두려움이 '이게 다음 경로야'라고 말해주는 지침 같아요. 뭐랄까, 편하게 느껴지진 않지만 정말로 중요한 방향으로 한 사람의 지평을 넓혀줄 존재처럼 느껴진달까요."

네일라의 유년기 시절에 수제트는 어머니의 양육 각본을 다른 식으로 각색해 나름의 새로운 방식을 접목시켰다. 한 예로 미르나처럼 종이 인형으로 스토리텔링을 가르치는 대신 네일라의 통학 시간을 이용했다. "엄만 늘 바쁘게 일하셔서 엄마와 저는 차 안에서 많은 이야길 나눴어요. 차에 탈 때마다 굉장한 이야기를 만들어내기도 했어요. 엄마가 이야기를 조금 말하면 제가 이어서 이야기를 조금 붙이고 그러면 다음번에 차에 탈 때는 이야기가 마무리 지어지는 식이었어요. 저는 그 시간이 정말 정말 좋았어요."

네일라도 어머니와 이모처럼 스토리텔러로서의 직업을 선택했지만 네일라가 빠진 연극 세계는 어머니에게나 다른 친척들에게 다소 이해하기 힘든 영역이었다. "성공을 가리키는 이정표는 많지만 연극은 저널리즘이나 법조계처럼 확실한 출세 경로가 아니긴 하죠. 그래서 주변 사람들은 저를 어떻게 도와줘야 할지 몰라서 곤란해하곤 했어요."

하지만 말보가에서 네일라는 사회가 미리 정해놓은 인생 대본을 거부한 가장 최근 세대의 사례일 뿐 이전 세대들도 같은 선례를 남겼다. 네일라의 증조모, 그러니까 플로이드의 어머니는 농장에서 일을 거들며 형제들의 뒤치다꺼리나 해야 한다는 통념을 거부하고 교사가 되기로 마음먹은 사람이었다. 플로이드도 어머니를 본받아 남부의 짐 크로법에 따른 1940년대의 계급 제도에서 자신과 같은 청년에게 강요하는 통상적 제약을 거부하고 과학자와 의사가 되겠다는 꿈을 세웠다. 수잔과 수제트 역시 여성에 대한 편견을 거부하고 언론계와 법조계에 진출하기로 마음먹었다.

말보가는 새로운 세대마다 부모님으로부터 배운 것을 지침으로 따르면서도 언제나 자신만의 인생 목표를 찾아 자신의 직업을 스스로 정했다.

그래서 네일라가 그런 선택을 내렸을 때 말보가 가족들은 남다른 조언을 해주었다. 이 책에서 소개한 마스터 부모라면 누구나 해줄 법한 말이었다. "그래 한번 해봐. 하지만 최선을 다해야 해."

당신의 아이는 성공하기에 충분하다

우리는 비범한 양육에는 어떤 정석이 있는 게 아닐까, 하는 생각이 들기 이전부터 남달리 똑똑하고 목표 의식이 뚜렷한 인물을 길러낸 사람들에게서 뭔가 흥미로운 점을 발견했다.

이들에게는 자녀가 어떤 성인으로 자라길 바라는지에 대한 확실한 미래상이 세워져 있었을 뿐만 아니라 그 이상을 실현시키려는 동기도 있었다. 또한 모든 부모들이 계획에 따라 전략적으로, 매일매일 꾸준히 자녀가 성인이 되었을 때 가장 도움이 될 거라고 생각하는 자질들을 키워주었다. 이러한 계획적 양육은 이르면 출생시부터 시작되었다.

유년기에 부모가 자녀와 나누는 모든 교감은 자녀의 인생 여정에서 의미 있고 알찬 순간이 될 잠재성을 띠고 있다. 이 책에 소개한 마스터 부모들은 이 점을 잘 알고 있었다. 자신이 자녀의 인생 경로에 영향을 미칠 수 있다는 것을 알았고, 실제로도 영향을 미쳤다.

이러한 부모들이 학벌이나 자원 면에서 더 유리할 수 있는 다른 부모들과 다른 점은 비범한 재능이 아니었다. 오히려 자녀에 대한 미래상을 성취할 방법에 대한 전략적 사고, 그리고 자녀가 자신이 꿈꾸는 사람이 되는 데 도움이 될 거라고 여겨지는 바를 완수하기 위한 결의와 불꽃이었다.

우리는 누구나 다 자녀의 양육 방식에서 더 전략적일 수 있다. 그리고 우리 누구나 다 자녀와의 교감 방식에서 보다 의도적이고 신중해질 수 있다.

우리가 만나본 마스터 부모들 중 일부는 비극이나 생활고가 성공한 자녀를 키우는 동기가 되었다. 에스더 보이치키는 남동생을 병원에 입원시키려다 겪었던 비극을 계기로 딸들에게 권위자에게 도전하길 두려워하지 말 것을 확실히 가르쳤다. 엘리자베스는 아들 자렐이 자신보다 더 잘사는 모습을 보고 싶어 했다.

또 다른 부모들은 자신이 가장 중요시하는 것이나 부모에게 배운 것을 바탕으로 동기를 자극받기도 했다. 한 예로 밥 시니어의 동기는 발명자였던 할아버지와 증조부로부터 대물림되어 내려온 문제해결 능력을 롭에게 물려주는 것이었다.

그것이 무엇이 되었든 우리가 우리 자신의 인생을 통해 배운 바를 바탕으로 자녀를 헌신적으로 이끌어준다면 자녀들이 의미 있는 인생을 일구어나가는 데 더 유리해질 수 있다.

그렇다고 해서 모든 자녀가 산구와 매기, 라이언 같은 인물이 된다는 얘기는 아니다. 모든 자녀가 반드시 그렇게 되어야 할 필요도, 의무도 없다. 하지만 모든 자녀에게는 목표를 발견해 자신이나 부모님이 미처 상상도 못했던 수준의 성취를 이루어낼 능력이 있다. '우리 아이는 충분히 성공할 수 있다'라는 믿음을 품고 그에 따라 행동한다면 어떤 부모라도 주체성과 목표, 지성을 갖춘 자녀를 키위넬 수 있다.

그러려면 전략이 필요하다. 때로는 자렐과 척의 경우처럼 임기응변도 필요하다. 하지만 높은 학벌이나, 특별한 가정 환경 따위는 필요하지 않다. 이미 살펴봤듯 양육 공식의 유효성은 인종이나 계층에 따른 차별이 없다.

부모에게는 누구나 양육을 힘들게 하는 문제들이 있기 마련이다. 우리가 만나본 부모들도 인생의 기복과 이혼, 병, 전쟁, 죽음 등을 겪었다. 산구가 들려준 회고담에 따르면 델레 박사는 가나에서의 인권 활동 때문에 사격대의 표적이 된 적도 있었다. 몇몇 부모는 이혼 후에 생활고로 하루하루 겨우 생계를 이어가기도 했다. 개비의 어머니는 한부모가 된 후에 한 달에 600달러로 살았다. 어떤 아버지는 아들을 돌보랴 조울증을 앓는 배우자를 돌보랴 눈코 뜰 새 없이 살아야 했다. 가족의 비극적인 죽음을 이겨내야 했던 부모도 한둘이 아니었다. 하지만 이 부모들 모두 그런 여건 속에서도 자녀들을 잘 키워냈다.

물론 비결은 우리가 지금껏 살펴봤듯이 부모들의 전략적인 양육 방법에 있었다. 전략적 양육이 일반적으로 생각하는 것보다 더 폭넓은 영향을 미친다는 사실을 명심해야 한다. 잔잔한 연못에 돌멩이를 던지면 파문이 일어나 연못물 전체로 퍼져나간다. 부모들이 자녀를 세상으로 내보내면 그 양육의 영향은 그들 자신도 미처 생각하지 못한 수준까지 넓게 퍼져나간다.

미래 세대가 양육 공식으로 키워진 사람들로 가득하다면 그 잠재적 혜택이 어떨지 생각해보라. 인생에는 우선순위를 다투는 일들이 여러 가지 있기 마련이다. 하지만 부모라면 충만한 자아실현을 이룬 자녀를 키우기 위한 전략적 시간을 두 번 생각할 것도 없이 최우선 순위에 두어야 한다.

이 책은 타샤가 2003년부터 인터뷰해온 60명과 퍼거슨의 하버드 프로젝트 참가자 전원을 비롯해 우리와 이야기를 나눠준 그 수많은 분들이 없었다면 완성되지 못했을 것이다. 양육 공식을 주제로 토론을 할 때마다 열띠게 호응해준 여러 생면부지의 사람들, 동료들, 학생들의 도움도 빼놓을 수 없다.

다른 누구보다도 다음 분들에게 먼저 감사인사를 전하고 싶다. 자신들의 인상적인 인생사를 우리가 글로 옮겨 소개하도록 허락해준 경, 라이언, 산구, 매기, 자렐, 롬, 리사, 에스더, 데이비드, 다니엘, 수제트와 수잔 자매, 브리와 지나 자매, 마야, 사라, 척, 파멜라, 개비, 엔가이, 아이다, 엔에이커, 네일라에게 정말 감사드린다.

비범한 인물을 키워낸 방법을 자세히 털어놓아준 부모들에게도 각별한 감사인사를 전한다. 엘리자베스 리, 로저 퀼스, 로우와 리 피터스 부부, 이보네와 제임스 코랠 부부, 플로이드 말보, 미셸 모예 마틴, 에드먼드 웅미넴 델레 박사, 에스더 보이치키, 밥 험들 시니어, 사라 바르가스, 레이날도 에르난데스기, 일레인 배저, 린과 클래런스 뉴섬 부부, 엘리자베스와 아니와 마리 로사리오 가족, 매루 가스가에이.

이 책의 집필을 위해 이야기를 나눠준 사람들이 너무 많아서 이 자리에서 이름을 모두 실을 수 없다는 게 아쉬울 따름이다. 수많은 분들이 최종본 원고에 이름이 미처 실리지 못했지만 그 통찰력은 온전히 담겨졌음을 밝혀둔다.

뉴욕시의 새터데이 라이트 워크숍(Saturday Write Workshop)에 참가해 3년 동안 비공식적 포커스 그룹(8~12명으로 구성된 집단과 깊이 있는 상호작용적인 인터뷰를 수반하는 평가기법-옮긴이) 역할을 해주며 비평과 지지의 목소리를 내준 다음 분들에게 꼭 감사인사를 전하고 싶다. 맥신 로엘, 앤 루크, 제레미 골드스타인, 그렉 배샴, 앤 하슨, 애슐리 윌리엄스, 로즐린 카펠, 돈 레베키, 파얄 코르, 타샤의 가장 오래되고 가장 소중한 친구인 알리아 도렌스 라이트.

어쩌다 라이트 워크숍 운영까지 맡게 된 우리의 출판대리인 제프 오르반에게 애정의 마음을 담아 감사인사를 전한다. 당신이 양육 공식을 주제로 책을 써볼 만하다는 확신을 밝혔던 그날, 우리는 덕분에 장기간에 걸쳐 멋진 여행을 펼치게 되었어요. 그동안 노련하게 잘 이끌어주어 고마워요.

대단한 인내심을 보여준 편집장, 레아에게도 특별히 감사의 말을 전하고 싶다. 빈틈없는 실력, 유연성, 웃는 이모티콘 등 여러 면으로 이루 말할 수 없이 고마웠어요. 우리가 이 프로젝트를 진행하는 동안 당신이 아주 젊고 똑똑한 청년을 키우고 있었던 점도 우리로선 정말 행운이었어요. 글렌 예페스와 벤벨라(BenBella) 출판사의 모든 직원에게 이 프로젝트와 우리에게 신뢰를 보여주어 감사

감사의 글

하다는 인사를 보내고 싶다.

타샤 로버트슨의 감사인사

우선, 공저자 로널드 퍼거슨에게 감사드린다. 사실 나는 그와 같이 책을 써보고 싶다는 바람을 남몰래 갖고 있던 참에 그가 같이 책을 써보자고 제안해와서 정말 놀랐다. 그는 논리적인 사고력을 지녔을 뿐만 아니라 우렁차고 듣기 좋은 목소리와 시적 감성이 풍부한 표현력, 따뜻한 인정까지 갖추어서 그 긴 여정이 잊지 못할 아주 멋진 시간이 되었다.

내가 나의 이사회 사람들이라고 별명 붙인 다음의 모든 사람에게 감사의 마음을 전하고 싶다. 재능 있는 어머니 마르샤 로버트슨(열정적인 작가이자 나의 첫 번째 조기학습 파트너), 자매인 칼라(나의 두 번째 조기학습 파트너), 또 다른 형제자매들 프랜신과 카일라(나의 가장 열광적인 팬들), 크리스탈과 키아라, 빅터와 토미, 그리고 다정다감한 새어머니 도티와 아버지 업쇼. 끊임없이 격려를 보내준 크리스탈 브렌트-주크를 비롯해 그 외의 또 다른 이사회 사람들인 재능 뛰어난 로잘린 벤틀리, 타미카 시몬스, 토야 스튜어트, 조엘 윌리엄스, 로스 엘리스, 제시카 지이, 맨해튼의 세바스티안 로제크, 자클린 폴린, 나의 조카인 (작가의 기질이 있는) 마할리아 오츠허디에게도 감사드린다.

마지막으로 마음 깊이 힘이 되어주는 남편 니코에게 특히 고맙다. 남편은 2003년에 시사 프로그램 〈60분〉의 한 편을 시청해보라고 권해주며 양육 공식에 대한 중요한 구상을 착안하게 해주었을 뿐만 아니라 조사와 집필로 하루 16시간씩 매달리느라 지쳐 있을 때면 언제나 작업을 잘 이어가도록 응원해주었다. 중간중간 힘든 난관이 닥쳤지만 그럴 때마다 니코가 항상 긍정적인 마음으로 붙잡아 주며 이 책의 출간을 위한 내 열정이 꺼지지 않도록, 자신이 할 수 있는 모든 일을 해주었다.

로널드 퍼거슨의 감사인사

지금껏 살면서 이 책의 집필만큼 몰입해서 공동작업을 해본 기억이 없다. 어느 순간 뉴욕에 사는 타샤와 매사추세츠에 사는 나는 서로의 분신이 되었다. 우리 중 누가 특정 견해를 이야기했느냐 거나 특정 문단을 썼느냐고 묻더라도 우린 아마 기억도 못할 것이다. 타샤, 뛰어난 파트너가 되어줘서 고마워요!

소중한 나의 동료들인 트리팟 에듀케이션 파트너스(Tripod Education Partners), 어치브먼트 갭 이니셔티브(Achievement Gap Initiative), 보스턴 베이직스(Boston Basics)의 롭 램즈델, 사라 필립스, 앨카 패테리야, 제이크 롤리, 조슬린 프리들랜더, 마리 배레라, 하지 셰어러, 제프 하워드, 웬델 크녹스에게도 이 책을 쓰는 지난 3년 동안 끝까지 기다려주며 이해심과 인내심을 보여주어 고맙다고 전하고 싶다. 타샤와 내가 이 책을 탈고하고 몇몇 장의 순서를 바꾸면 어떨지 고민하고 있을 때 세심히 원고를 검토해준 점에 대해서도 고맙다. 같은 원고 검토 부탁에 응해주어 역시 유용한 피드백을 보내준 새로운 벗 에디슨 줄리오와 루스 서머스에게도 감사의 마음을 전한다.

마지막으로 나의 가족에게 감사드린다. 가족들을 통해 사랑받는다는 것이 어떤 것인지뿐만 아니라 가족 생활에서 일상적으로 일어나는 복잡한 문제들에 대해서도 알게 된 덕분에 이 책의 집필이 중요한 의미를 가지리라 확신할 수 있었다. 어머니 글로리아, 아들 대니와 대런, 조카 마커스, 내 형제들인 케니와 호머와 스티븐, 그리고 다른 조카들과 사돈 가족들 모두에게 감사인사를 전한다. 아내 헬렌에게도 고맙다. 당신이 나에게 어떤 의미이고, 평생 얼마나 큰 힘이 되어주었는지는 어떤 말로나 글로도 도저히 표현할 수가 없어요. 이제 책도 마무리되었고 이 글을 쓰는 지금부터 1주일 후면 우리의 40주년 결혼기념일이니, 함께 즐거운 시간을 가져봅시다!

들어가는 글

— 라이언 퀄스의 공화당 경선 승리를 보도한 켄터키주 신문 《렉싱턴 헤럴드 리더》의 기사를 보고 싶다면 다음 사이트의 방문을 권한다.
https://www.kentucky.com/news/politics-government/article44600505.html.

— 《타임》에서 14살의 산구 델레를 아프리카의 미래 지도자 25인으로 발표한 기사는 2005년 5월호였다.

— 2014년에 《포브스》로부터 '가장 촉망받는 젊은 아프리카인 기업가'로 선정된 기사는 다음에서 확인 가능하다.
https://www.forbes.com/sites/mfonobongnsehe/2014/02/04/30-most-promising-young-entrepreneurs-in-africa-2014/#10de964fdfe4

— 산구 델레의 TED 강연 '거시경제의 찬미 – 아프리카의 재정(In Praise of Macro - Yes, Macro - Finance in Africa)'은 다음에서 확인 가능하다.
https://www.ted.com/talks/sangu_delle_in_praise_of_macro_yes_macro_finance_in_africa/discussion?quote=1725.

— 2008년 5월에 《하버드 크림슨》에 게재된 산구 델레의 기사 '대륙의 지원 방법 배우기 : 일부 아프리카 학생들, 조국의 발전 지향을 위한 관점을 배우다(Learning to Aid a Continent: Some African Students Study with an Eye Toward Bettering Their Homelands)'는 다음 사이트에서 확인 가능하다.
https://www.thecrimson.com/article/2008/5/1/learning-to-aid-a-continent-when/

— 이번 장에서는 매기 영의 카네기 홀 공연 뒤에 《뉴욕타임스》에 매기의 연주에 찬사를 보낸 평이 실렸다고 밝혔지만 매기가 가족에게 부담스러운 관심이 쏠리게 될까 봐 걱정해서 실명 대신 가명을 썼던 점을 감안해 관련 기사의 링크는 넣지 않기로 했다.

1장

— 출생 후 서로 떨어져서 자란 쌍둥이와 관련해서 특히 유명한 과학 연구가 궁금하다면 다음 논문을 참고 바람. Bernard Devlin, Michael Daniels, and Kathryn Roeder(1997), 'The Heritability of IQ', Nature 388:468~471. 논문 저자들은 그 이전까지 수행된 212

건의 쌍둥이 연구를 메타분석한 뒤에 아이큐는 유전의 영향이 대략 절반 정도에 불과하며 나머지 절반은 양육을 비롯한 여러 환경조건에 따라 영향받는다고 결론지었다.

— 꾸준히 쌍둥이와 양자들을 연구해온 한 연구가의 결론에 따르면 양부모가 자녀의 교육 수준과 소득 수준에 "아주 큰" 요인으로 작용한다고 한다. 다음을 참고 바람. Bryce Sacerdote(2011), 'Nature and Nurture Effects on Children's Outcomes: What Have We Learned from Studies of Twins and Adoptees?', Handbook of Social Economics(1):1~30.

— 양육과 환경이 유전적 잠재성의 발로에 미치는 영향과 관련해서 널리 인용되는 연구를 보고 싶다면 다음을 참조 바람. Michael J. Meaney(2001), 'Maternal Care, Gene Expression, and the Transmission of Individual Differences in Stress Reactivity across Generations', Annual Review of Neuroscience 24:1161~1192.

— 언어처리 능력의 차이 발생에 대해서는 다음을 참조 바람. Anne Fernald, Virginia Marchman, and Adriana Weisleder(2013), 'SES Differences in Language Processing Skill and Vocabulary Are Evident at 18 Months', Developmental Science 16(2):234~248.

— 블랙박스 실험법과 관련된 논의가 궁금하다면 다음을 참조 바람. Marcia L. Meldrum (2000), 'A Brief History of the Randomized Controlled Trial: From Oranges and Lemons to the Gold Standard', Hematology/Oncology Clinics 14(4):745~760. 논문 저자는 실험에서 예기치 않은 효험이 나타나면 그 이유를 이해할 방법이 없다는 사실에 안타까워하면서 이렇게 덧붙였다. 이 실험법은 "'논리적 치료법'의 구축을 미해결 문제로 남겨 놓는다."

— 유년기 초반의 양육과 보육의 영향에 관련해서 권위 있는 연구를 살펴보고 싶다면 다음을 참조 바람. Daniel P. Keating, 편저(2011), Nature and Nurture in Early Child Development. New York: Cambridge University Press.

— 유아기의 발달을 틀 잡아주는 양육의 중요성에 대한 동영상과 다른 자료는 하버드 대학 아동발달 연구소의 다음 사이트를 방문 바람. https://developingchild.harvard.edu/

2장

— 인간의 성공과 행복에 대한 연구와 관련해서 명쾌한 비평 견해를 보고 싶다면 다음을 참조 바람. Richard M. Ryan and Edward L. Deci(2001), 'On Happiness and Human Potentials: A Review of Research on Hedonic and Eudaimonic Well-Being', Annual Review of Psychology 52:141~166.

— 알베르트 아인슈타인과 관련된 부분은 다음을 참조했다.
데니스 브라이언(1996). 『아인슈타인 평전(Einstein: A Life)』, New York: John Wiley

& Sons. Jurgen Neffe(2005). Einstein: A Biography(셸리 프리슈의 2007년판 영어 번역본), Baltimore: Johns Hopkins University Press. 하워드 가드너(1997), 『비범성의 발견(Extraordinary Minds: Portraits of Exceptional Individuals and an Examination of Extraordinariness)』, New York: Basic Books.

월터 아이작슨(2008), 『아인슈타인 : 삶과 우주(Einstein: His Life and Universe)』, New York: Simon & Schuster.

— 목표와 관련해서는 다음을 참조 바람. 윌리엄 데이먼(2009), 『무엇을 위해 살 것인가 : 스탠포드대 인생특강 목적으로 가는 길(The Path to Purpose: How Young People Find Their Calling in Life)』, New York: Simon & Schuster. 청소년기 발달에서의 목표의 역할과 관련해서 다음도 참조 바람. William Damon, Jenni Menon, and Kendall Cotton Bronk(2003), 'The Development of Purpose during Adolescence', Applied Developmental Science 7(3):119~128.

— 주체성과 관련해서는 다음을 참조 바람.

Steven Hitlin and Glen H. Elder(2007), 'Time, Self, and the Curiously Abstract Concept of Agency', Sociological Theory 25(2):17~191. Albert Bandura(2001), 'Social Cognitive Theory: An Agentic Perspective', Annual Review of Psychology 51:1~26.

Johnmarshall Reeve and Ching-Mei Tseng(2011), 'Agency as a Fourth Aspect of Students' Engagement during Learning Activities', Contemporary Educational Psychology 36(2011):257~267.

Ronald F. Ferguson, with Sarah F. Phillips, Jacob F. S. Rowley, and Jocelyn W. Friedlander(2015). The Influence of Teaching Beyond Standardized Test Scores: Engagement, Mindsets, and Agency. 하버드대학의 AGI 논문은 다음 사이트에서 확인 가능하다. http://agi.harvard.edu/projects/TeachingandAgency.pdf

— 조엘 슈나이더가 똑똑함의 정의에 대해 밝힌 견해는 대중과학 잡지《사이언티픽 아메리칸(Scientific American)》의 웹사이트에 올려진 다음의 블로그 게시글에서 발췌했다. 'What Do IQ Tests Test?: Interview with Psychologist W. Joel Schneider', 2014년 2월 3일, https://blogs.scientificamerican.com/beautiful-minds/ what-do-iq-tests-test-interview-with-psychologist-w-joel-schneider/

— 하워드 가드너의 신동 관련 인용문 "기적을 믿지 않고 (중략)"은 그가 1997년에 출간한 다음의 저서 128쪽에서 발췌했다. 『비범성의 발견(Extraordinary Minds: Portraits of Exceptional Individuals and an Examination of Extraordinariness)』, New York: Basic Books.

— 택시 기사들의 기억력과 뇌 구조에 대해서는 다음을 참조 바람. Katherine Woollett and Eleanor Maguire(2011), 'Acquiring 'the Knowledge' of London's Layout Drives

Structural Brain Changes', Current Biology 21(24):2109~2114. 이 주제와 관련해서 더 이전의 연구사례가 궁금하다면 같은 논문저자들이 2006년에 발표한 다음의 논문도 참조 바람. 'London Taxi Drivers and Bus Drivers: A Structural MRI and Neuropsychological Analysis', Hippocampus 16(12):1091~1101.

3장

— '집중 양육'과 '자연적 성장'에 대한 아네트 라루의 연구는 그녀가 2011년에 출간한 다음의 책에 자세히 소개되어 있다. 『불평등한 어린 시절 : 부모의 사회적 지위와 불평등의 대물림(Unequal Childhoods: Class, Race, and Family Life)』, Los Angeles: University of California Press.

— 2011년에 제이콥 E. 치들(Jacob E. Cheadle)과 폴 R. 아마토(Paul R. Amato)는 유치원생과 3학년생들과 관련된 라루의 연구 결과를 검증하기 위해 미국 교육부가 수집한 전국적 규모의 방대한 자료인 '초기 어린시절에 관한 종단 연구(Early Childhood Longitudinal Study)'를 표본으로 삼아 분석작업을 벌여봤다. 그 결과 라루의 견해처럼, 사회 경제적 지위가 집중 양육 방식의 가장 확실한 예측변수로 나타났다. 하지만 라루의 견해와 달리, 아무리 사회 경제적 지위를 기준으로 삼더라도 집중 양육은 흑인, 라틴계, 아시아계보다 백인 사이에서 가장 흔했다. 다음을 참조 바람. E. Cheadle and Paul R. Amato(2011), 'A Quantitative Assessment of Lareau's Qualitative Conclusions About Class, Race, and Parenting', Journal of Family Issues 32(5):679~706.

— 기너트 박사가 아이 '주변을 맴도는' 헬리콥터 같은 부모에 대해 언급한 출처가 궁금하다면 다음을 참조 바람. 하임 기너트(1969), 『부모와 십대 사이(Between Parent and Teenager)』, New York: Macmillan. 헬리콥터 양육의 문제를 다룬 사회과학적 연구가 드문 상황에서 다음의 흥미로운 연구에서는 부모의 헬리콥터 양육과 대학생들의 심리적 행복 간의 부정적 연관관계를 밝혀낸 바 있다. Terri Lemoyne and Tom Buchanan(2011), 'Does 'Hovering' Matter? Helicopter Parenting and Its Effect on Well-Being', Sociological Spectrum 31(4):399~418.

— 추아의 책을 읽어보고 싶다면 다음을 참조 바람. 에이미 추아(2011), 『타이거 마더 : 예일대 교수 에이미 추아의 엘리트 교육법(Battle Hymn of the Tiger Mother)』, New York: Penguin Press.

— 수영 김이 동료들과 함께 444곳의 중국계 미국인 가정을 3차 종단 연구해본 결과가 궁금하다면 다음을 참조 바람. Su Yeong Kim, Yijie Wang, Diana Orozco-Lapray, Yishan Shen, and Mohammed Murtuza(2013), 'Does 'Tiger Parenting' Exist? Parenting Profiles of Chinese Americans and Adolescent Developmental Outcomes', Asian American Journal of Psychology 4(1):7~18

— 다이애나 바움린드의 양육 모델에 대해 자세히 알고 싶다면 그녀가 1996년에 발표한 다음의 논문을 참고 바람. 'The Discipline Controversy Revisited', Family Relations 45(4):405~414. 다음도 참조 바람. Laurence Steinberg(2001), 'We Know Some Things: Parent-Adolescent Relationships in Retrospect and Prospect', Journal of Research on Adolescence 11(1):1~19.

4장
— 다음의 두 연구 논문에는 리사 손의 양육 방법에 대한 통찰력 있는 설명이 담겨 있다. Janet Metcalfe(2017, 'Learning from Errors'. Annual Review of Psychology 68(6):1~25. Lisa K. Son and Mate Kornell(2010), 'The Virtues of Ignorance', Behavioural Processes 83:207~212.
— 1800년대에 가장 사진이 많이 찍힌 미국인으로서의 프레더릭 더글러스에 대해 더 알고 싶다면 다음을 참조 바람. John Stauffer(2015), Picturing Frederick Douglass: An Illustrated Biography of the Nineteenth Century's Most Photographed American, New York: W.W. Norton.
— 척 배저가 패널로 참석한 동영상을 보고 싶다면 다음 사이트의 방문을 권함. https://www.c-span.org/video/?416624-3/presidents-agenda
— 2017년에 《포브스》에서 발표한 세계에서 가장 영향력 있는 여성들 가운데 수잔 보이치키가 6위에 선정된 명단을 보고 싶다면 다음을 참조 바람. https://www.forbes.com/power-women/#982e315e252d
— 앤 보이치키의 유전정보 분석 서비스가 《타임》 선정 2008년도 최고의 발명품 명단 가운데 1위에 오른 기사를 보고 싶다면 다음을 참조 바람. http://content.time.com/time/specials/packages/article/0,28804,1852747_1854493_1854113,00.html

5장
— 블록 놀이에 대해서는 다음도 참조 바람. Dimitri A. Christakis, Frederick J. Zimmerman, and Michelle M. Garrison(2007), 'Effect of Block Play on Language Acquisition and Attention in Toddlers', Archives of Pediatric and Adolescent Medicine 161(10):697~971. 그리고 블록 놀이의 장점을 간략히 알아보고 싶다면 다음을 참조 바람. Gwen Dewar(2016), 'Why Toy Blocks Rock: The Science of Building and Construction Toys, https://www.parentingscience.com/toy-blocks.html
— 다음 사이트에 들어가보면 500만 달러 규모의 레고 연구소의 창설에 대한 MIT 보도 자료를 볼 수 있다. http://news.mit.edu/1999/lego
— MIT 레고 연구소의 동영상과 MIT에서 아이들에게 어린 과학자가 되어보게 도와주는 방법을 보고 싶다면 다음 사이트의 방문을 권함. https://vimeo.com/143620419. 동영

상을 보면 아이들이 컴퓨터 프로그래밍을 접목해 레고 블록을 활용해서 창의적으로 블록을 쌓고 있다.

— 인디애나대학교의 2016년도 연구는 다음을 참조 바람. Sharlene Newman, Mitchel Hansen, and Ariánna Gutierrez(2016), 'An fMRI Study of the Impact of Block Building and Board Games on Spatial Ability', Frontiers in Psychology 7:1278.

— 다음의 기사를 보면 자동차 디자인에서의 공간 추론력의 중요성이 잘 설명되어 있다. https://www.torquenews.com/1080/how-car-design-works-start-finish

— 조기 놀이 기간 중의 성인-아동간 상호교류의 중요성에 대해서는 다음을 참조 바람. Ivanna K. Lukie, Sheri-Lynn Skwarchuk, Jo-Anne LeFevre, and Carla Sowinski(2013), 'The Role of Child Interests and Collaborative Parent-Child Interactions in Fostering Numeracy and Literacy Development in Canadian Homes', Early Childhood Education Journal (2014) 42:251~259. 다음도 참조 바람. Kenneth R. Ginsburg(2007), 'The Importance of Play in Promoting Healthy Child Development and Maintaining Strong Parent-Child Bonds', Pediatrics 119(1):182~191.

— 흰뺨기러기의 이동에 새끼 양육이 어떤 영향을 미치는지에 대해 다음을 참조 바람. Rudy M. Jonker, Marije W. Kuiper, Lysanne Snijders, Sipke E. Van Wieren, Ron C. Ydenberg, and Herbert H. T. Prins(2011), 'Divergence in Timing of Parental Care and Migration in Barnacle Geese', Behavioral Ecology 21:326~331.

— 흰뺨기러기 새끼들의 죽음을 불사하고 뛰어내리는 낙하 모습은 다음 사이트의 동영상을 참조 바람. http://www.bbc.com/earth/story/20141020-chicks-tumble-of-terror-filmed

— 콘라트 로렌츠의 연구와 견해에 대해 더 자세히 알고 싶다면 그가 1966년에 출간한 다음의 책을 참조 바람. Evolution and Modification of Behavior, London: Methuen Publishing.

— 베름케와 그녀의 동료 연구진이 신생아들의 울음소리 패턴을 조사했던 독일의 연구에 대해서는 다음을 참조 바람. Birgit Mampe, Angela D. Friederici, Anne Christophe, and Kathleen Wermke(2009), 'Newborns' Cry Melody Is Shaped by Their Native Language', Current Biology 19(23):1994~1997.

— 이야기 들려주기가 아이의 마음에 영향을 미칠 수 있는 방법에 대해서는 다음의 버퍼 소셜 블로그에 올려진 레오 위드리치(Leo Widrich) 2016년도 기사를 참조 바람. https://blog.bufferapp.com/science-of-storytelling-why-telling-a-story-is-the-most-powerful-way-to-activate-our-brains

— 레이몬드 마의 마음 이론과 관련된 자세한 개념은 그가 2011년에 발표한 다음의 논문을 참조 바람. 'The Neural Bases of Social Cognition and Story Comprehension', Annual Review of Psychology 62:103~134.

— 사회적 패턴과 사회적 위계의 인지에 대해서는 다음을 참조 바람. Hernando Santa-maria-Garcia, Miguel Burgaleta, and Nuria Sebastian-Galles(2015), 'Neuroanatomical Markers of Social Hierarchy Recognition in Humans: A Combined ERP/MRI Study', The Journal of Neuroscience 35(30):10843~10850.

— 학생들이 3학년에 올라가면 대체로 자신의 학급 내 학업적 지위가 우세한 편인지, 고만고만한 정도인지, 뒤처져 있는지를 의식하게 된다는 연구 결과는 다음에서 참조했다. Rhonda S. Weinstein, Herman H. Marshall, Lee Sharp, and Meryl Botkin(1987), 'Pygmalion and the Student: Age and Classroom Differences in Children's Awareness of Teacher Expectations', Child Development. 58:1079~1092.

— 유년기 초반의 활동이 뇌 발달에 미치는 영향에 대한 신경생물학자들의 대략적 입증 내용에 대해서는 다음을 참조 바람. Charles A. Nelson III and Margaret A. Sheridan(2011), 'Lessons from Neuroscience Research for Understanding Causal Links between Family and Neighborhood Characteristics and Educational Outcomes', Greg J. Duncan and Richard J. Murnane, eds., Whither Opportunity? Rising Inequality, School, and Children's Life Chances, New York: Russell Sage Foundation.

6장

— 버락 오바마의 말은 《에센스》의 2010년 2월 8일자의 다음 기사에서 인용했다. Angela Burt-Murray, Tatsha Robertson, and Cynthia Gordy, 'Teaching Our Children'.

— 레드셔팅에 대해서는 다음을 참조 바람.
다음 사이트에 실린 '컴퓨터광' 조 페라로의 글은 밥 시니어같은 상황에서 당황하기 쉬운 부모들에게 이런 식의 통합 과정 프로그램에 대한 유용한 이야기를 들려준다. 'Why Do We Need It?', https://www.huffingtonpost.com/joe-the-nerd-ferraro/what-is-transitional-firs_b_816271.html
Daphna Bassock and Sean F. Reardon(2013), 'Academic Redshirting in Kindergarten', Educational Evaluation and Policy Analysis 35(2):283~297.
다음은 브루킹스 연구소(Brookings Institution, 민주당계의 진보적 정책 연구소)의 연구가 마이클 핸센의 견해다. 'To Redshirt or Not to Redshirt', US News, June 16, 2016, Sandra E. Black, Paul J. Devereux, and Kjell G. Salvanes(2011), 'Too Young to Leave the Nest? The Effects of School Starting Age', Review of Economics and Statistics 93(2):455~467.

— 다음은 3학년생과 4학년생들을 대상으로 자립심과 읽기 능력 및 수리력의 연관성을 살펴본 독일의 연구 논문이다. Greta J. Warner, Doris Fay, and Nadine Sporer(2017), 'Relations Among Personal Initiative and the Development of Reading Strategy Knowledge and Reading Comprehension', Frontline Learning Research 5(2):1~23.

7장

— 로니의 할머니 나나의 멘토였던 제인 에드나 헌터에 대해 더 자세히 알고 싶다면 다음을 참조 바람.
https://en.wikipedia.org/wiki/Jane_Edna_Hunter,
http://www.blackpast.org/aah/hunter-jane-edna-1882-1971.

— 다음은 2018년에 스웨덴에서 실시된 연구의 논문이다. Sandra E. Black, Erik Gronqvist, and Bjorn Ockert(2018), 'Born to Lead? The Effect of Birth Order on Noncognitive Abilities', The Review of Economics and Statistics 100(2): 274~286.

— 가정 환경이 형제들에게 어떤 영향을 미치는지에 대해서는 다음을 참조 바람. Susan M. McHale, Kimberly A. Updegraff, and Shawn D. Whiteman(2010), 'Sibling Relationships and Influences in Childhood and Adolescence', Journal of Marriage and Family 74:913~930. Lois Wladis Hoffman(1991), 'The Influence of the Family Environment on Personality: Accounting for Sibling Differences', Psychological Bulletin 110(2):187~203.

— 형제들이 서로에게 어떤 영향을 미치는지에 대해서는 다음을 참조 바람. Judy Dunn(1988), 'Sibling Influences on Childhood Development', Journal of Child Psychology and Psychiatry 29(2):119~127. 출생 순서와 관련해서 다음도 참조 바람. Shawn D. Whiteman, Susan M. McHale, and Ann C. Crouter(2007), 'Competing Processes of Sibling Influence: Observational Learning and Sibling Deidentification', Social Development 16(4):642~661. 이 논문의 저자들은 손아래 형제들이 손위 형제들처럼 되기 싫어하는, 이른바 비동질화라는 패턴을 식별해냈는데 이런 비동질화는 동질화보다 빈도수가 훨씬 낮은 편이었다.

8장

— 지행격차에 대해서는 다음을 참조 바람. 제프리 페퍼, 로버트 I. 서튼(2000), 『생각의 속도로 실행하라(The Knowing-Doing Gap)』, Cambridge, MA: Harvard Business School Press.

9장

— 아인슈타인과 관련된 내용은 2장에서 인용한 책들을 참고했다. 취학 전 연령의 아동 발달과 관련된 부분을 더 자세히 알고 싶다면 5장에서 인용한 책 중 Charles A. Nelson III와 Margaret A. Sheridan의 글이 수록된 장을 참조 바람.

— 성공한 사람들은 대체로 집에 공부 전용 공간이 마련되어 있었다. 아이를 위한 공부방 꾸며주기에 대한 견해가 보고 싶다면 캐서린 고디바가 2013년 12월에 올린 다음의

블로그 게시글을 참조 바람. 'The Importance of a Dedicated Study Space', https://www.roomtogrow.co.uk/blog/the-importance-of-a-dedicated-study-space/
— 이 장에서 언급된 목표와 주체성의 문제에 대해서는 2장에서의 목표와 주체성 관련 참고문헌을 참조 바람.
— 다음은 과업완수 지향성과 그와 관련된 성취동기의 소개에서 가장 많이 인용되는 문헌 가운데 하나이다. Carole Ames(1992), 'Classrooms: Goals, Structures, and Student Motivation', Journal of Educational Psychology 84(3):261~271. 이 논문은 제목 상으로는 교실에 초점이 맞추어져 있으나 양육과의 관련성이 높은 문제에 대해 아주 포괄적으로 다루고 있다.
— 게시자가 자녀를 위해 펴는 개입 활동, 다시 말해, 의도적이고 흥미롭고 만만치 않은 그런 개입 활동을 다룬 연구에 관심이 있다면 다음을 참조 바람. Sami Abuhamdeh and Mihaly Csikszentmihalyi(2011), 'The Importance of Challenge for the Enjoyment of Intrinsically Motivated, Goal-Directed Activities', Personality and Social Psychology Bulletin 38:317~330.
— 대프나 오이서먼의 실험과 관련해서는 다음을 참조 바람. Daphna Oyserman, Deborah Bybee, and Kathy Terry(2006), 'Possible Selves and Academic Outcomes: How and When Possible Selves Impel Action', Journal of Personality and Social Psychology 9(1):188~204.

10장

— 『바가바드 기타』는 다수의 번역서가 출간되어 있으며 다음의 번역서도 그중 하나이다. A. C. Bhaktivedanta Swami Prabhupada(1989), Bhagavad Gita As It Is, Los Angeles: Bhaktivedanta Book Trust International.
  확실히 말해서 이 장에서 다룬 세 가지 철학적 주제가 전 역사에 걸쳐 보편적인 주제인 것은 맞지만 우리가 이 세 가지 주제를 다루게 된 이유는 따로 있었다. 사람들과 인터뷰를 나누던 중에 자연스럽게 주제로 떠오른 것이지, 특정 글에서 읽거나 평상시에 좋아하던 주제라서 미리 책의 소재로 생각해 두었던 것이 아니었다.
— 산구의 아버지인 델레 박사가 설마 어린 아들을 데리고 복잡한 철학 얘기를 했겠을까 싶겠지만 델레 박사 본인도 그런 경험을 하며 컸다고 한다. "가톨릭 전도사였던 외삼촌이 계셨는데 절 어른처럼 대해주며 정말 많은 것을 가르쳐준 유일한 분이었죠. 당시에 저희 가족은 가톨릭교도 기독교도도 아니었어요. 그냥 전통 종교를 믿고 있었어요." 델레 박사는 자녀들에 대해 이렇게 말하기도 했다. "제 주된 목표는 아이들이 이런저런 문제에 대해 나이를 떠나서 열린 마음으로 바라보게 해주려는 것이었어요 (중략) 아이들에게 특정 방향에 따라 논쟁하길 강요하지 않으면서 문제의 다양한 측면을 자유롭게 탐구해보게 했어요 (중략) 그리고 결정의 자유도 주었죠 (중략) [산구에

게는] 어떤 경우든 (아버지로서의 제 생각을 비롯해) 다른 사람들의 생각과는 별개의 자신의 견해를 갖도록 격려하기도 했어요 (중략) 산구는 어린 나이인데도 정말 잘했어요. 전 이런 문제들을 깊이 있게 생각하기 시작하는 데 너무 이른 나이는 없다고 봅니다. 저희 부자는 버트런드 러셀, 소크라테스, 회의학파 같은 여러 철학자들의 얘기를 자주 했어요. 저는 산구에게 자신만의 철학을 세워 그 철학에 따라야 한다고 가르쳤어요 (중략) 아들이 철학을 통해 자유로운 사고와 비판적 사고를 배웠길 바랍니다. 세계의 진정한 리더는 철학자들입니다. 철학자들이야말로 사람들에게 가장 큰 영향을 미쳐온 이들입니다."

11장

— 이른바 '사회학습 이론'이라는 분야의 연구를 태동시킨 인물은 앨버트 반두라였다. 다음을 참조 바람. Albert Bandura(1971). Social Learning Theory. New York: General Learning Press. 이 책의 2쪽에서 반두라는 다음과 같이 썼다. "전통적 학습 이론은 대체로 행동을 직접 체험해본 뒤의 반응 결과로서 서술된다. 실질적으로 따져보면 직접적 경험을 통한 학습 현상은 거의 예외 없이 다른 사람들의 행동과 그 행동 결과의 관찰을 통해 대리적으로 일어나는 경향이 있다. 인간은 관찰을 통한 학습 능력 덕분에 지긋지긋할 정도의 시행착오를 겪으며 서서히 패턴을 세울 필요 없이도 광범위하고 통합적인 행동 체계를 구축할 수 있다." 특히 이 책의 함축성을 가장 적절히 요약하자면, 사람은 의도적으로든 아니든 모델 역할을 해주는 타인들을 관찰하면서 학습할 수 있다는 것이다. 이런 식의 학습은 단순히 흉내 내기의 차원을 넘어선다. 즉, 모델의 행동에서 나타난 긍정적이거나 부정적인 결과를 관찰한 뒤에 관찰로 배운 바를 나름대로의 판단에 따라 활용한다."

— 데릭 지터와 그의 아버지에 대한 내용은 팀 엘모어가 찰스 지터와 나눈 다음 인터뷰(2015)를 참고했다. 'Eight Lessons About Leading Kids from Derek Jeter's Dad Charles,
https://growingleaders.com/blog/eight-lessons-leading-kids-derek-jeters-dad/

— 플레시 대 퍼거슨 대법원 판결은 관련 책과 기사들이 많이 있다. 한 예인 다음을 참조 바람. Williamjames Hull Hoffer(2012). Plessy v. Ferguson: Race and Inequality in Jim Crow America. Lawrence: University Press of Kansas.

— 대프나 오이서먼의 '부정적인 가능 자아'의 개념에 대해서는 9장에서 참고문헌으로 밝힌 그녀의 논문을 참고했다.

12장

— '협상 결렬 시의 차선책(BATNA)'을 비롯한 협상의 기본 개념은 현재까지도 여전히 많은 사람들에게 읽히는, 다음의 협상의 고전을 참조 바람. 로저 피셔 , 윌리엄 유리,

브루스 패튼(1983), 『Yes를 이끌어내는 협상법 : 하버드대 협상 프로젝트(Getting to Yes)』, New York: Penguin Books.

— 아인슈타인이 피아노 교사 앞에서 의자를 걷어찬 일화는 다음의 책 1장에서 발췌했다. 데니스 브라이언(1996), 『아인슈타인 평전』, New York: John Wiley & Sons.

— 알베르트 아인슈타인의 아들 한스 알베르트의 말은 다음의 책 202쪽에서 인용했다. Alice Calaprice(2011), The Ultimate Quotable Einstein, Princeton, NJ: Princeton University Press.

— 에이미 추아와 호랑이 양육에 대한 내용은 2장의 참고문헌으로도 밝힌, 그녀의 다음 책을 참고했다. 『타이거 마더 : 예일대 교수 에이미 추아의 엘리트 교육법』. 그녀가 딸들에게 허락해주지 않는 것들이 열거된 부분은 1장의 첫 두 쪽이다.

— 미국의 수정헌법 제1조는 다음과 같다. '의회는 국교를 정하거나 자유로운 신앙 행위를 금지하는 법을 제정할 수 없다. 또한 언론, 출판의 자유나 국민이 평화로이 집회할 수 있는 권리 및 불만 사항의 구제를 위하여 정부에게 청원할 수 있는 권리를 제한하는 법률을 제정할 수 없다.'

— 아시아에서 아이들에게 기준을 강요하는 이유로 인용된 "아이를 휘어잡으려는 것이 아니라 남들과 화목하게 지내려는 가족적·사회적 목표 (중략)"은 다음의 1,113쪽에서 발췌했다. Ruth K. Chao(1994), 'Beyond Parental Control and Authoritarian Parenting Style: Understanding Chinese Parenting Through the Cultural Notion of Training.' Child Development 65:1111~1120

— 루스 차오가 또 다른 연구를 통해 밝혀낸 바에 따르면 "중국계 미국인 청소년 1세대는 2세대에 비해 권위 있는 양육의 영향에서 유럽계 미국인 청소년과 더 일률적인 차이를 나타냈다. [조사 결과 상에서] 2세대 중국계 청소년 대부분은 1세대 중국계 청소년과 유럽계 청소년 사이의 중간에 놓여 있었다." 다음의 1,842쪽에서 발췌함. Ruth K. Chao(2001), 'Extending Research on the Consequences of Parenting Style for Chinese Americans and European Americans', Child Development 72(6):1832~1843

— 바로 앞에서 인용된 참고문헌의 1,842쪽에서 차오는 한 중국인 부모가 중국 아이들이 학교에서 공부를 잘해야 하는 동기에 대해 밝힌 말을 인용해놓기도 했다. "중국 가정에서는 자녀의 개인적 학업 성취도가 전체 가족에게 자랑스럽고 체면 서는 일이에요. 학교에서 공부를 못하면 가족에게 망신거리가 되어 체면이 깎이죠. 아이에게 가족의 성공을 거는 비중이 높은 편이에요." 이런 가치체계는 미국의 중국계 1세대들 이후부터 다소 약해지는 추세로 나타나고 있다.
이런 문제가 기정사실화되는 것을 경계하는 차원에서, 중국 문화를 연구하는 학자들 사이에서 유교 가르침의 적절한 해석을 놓고 논쟁이 있다는 점에도 주목할 만하다. 한 예로 다음을 참조 바람. David Wong(2017). Chinese Ethics. Stanford Encyclopedia of Philosophy, published by the Metaphysics Research Lab, Center for the Study of

Language and Information, Stanford University. 20쪽을 보면, 웡은 유교의 전통적 해석에서 원래 의도했던 복종의 도가 과장 해석되었을 가능성을 제기해놓았다. 자칫 부모에게 불복종할 수밖에 없는 결정을 내리도록 자극할 정도로 지나치게 높은 도덕적 가치를 지적하는 주장이다.

— 호랑이 양육과 격려적 양육을 비교한 인용문 "(중략) 가족으로서의 높은 의무 의식 등 가장 바람직한 발달성과들과 연관된 쪽은 사실상 호랑이 양육이 아닌 격려적 양육이다."는 제3장에서 참고문헌으로 밝힌 다음의 논문 16쪽에서 발췌했다. Su Yeong Kim et al, 'Does 'Tiger Parenting' Exist?'

13장

— 롭이 말한 캐럴 드웩의 책은 2006년에 출간된 다음의 책이다. 『마인드셋 : 스탠퍼드 인간 성장 프로젝트 : 원하는 것을 이루는 태도의 힘(Mindset: The New Psychology of Success)』, New York: Ballantine Books.

— 실패에 대한 부모의 반응과 자녀의 발전형 마음가짐 육성 사이의 관계를 살펴본 다음의 논문도 참조해보길 권한다. Kyla Haimovitz and Carol S. Dweck(2016), 'Parents' Views of Failure Predict Children's Fixed and Growth Intelligence Mind-Sets', Psychological Science 27(6):559~569.

— 회복력의 연구에서는 어떤 사람들은 역경이나 '위험 요소'를 겪고도 끄떡없거나 훨씬 더 강해지는 반면, 또 다른 사람들은 극복하기 어려운 지경의 좌절에 빠지는 이유를 조사한다. 다음을 참조 바람. Marc A. Zimmerman, Sarah A. Stoddard, Andria B. Eisman, Cleopatra H. Caldwell, Sophie M. Aiyer, and Alison Miller(2013), 'Adolescent Resilience: Promotive Factors That Inform Prevention', Child Development Perspectives 7(4):215~220. 마야의 경우엔 양육 방식을 통해 회복력이 길러지면서 전문가들이 말하는 이른바 '촉진적 자질(promotive resources)'이 생긴 덕분에 심신을 무너뜨린 절망에서 회복해 제때 대학지원을 마칠 수 있었다.

— 앤절라 더크워스가 2016년에 출간한 책은 다음과 같다. 『그릿 : IQ, 재능, 환경을 뛰어넘는 열정적 끈기의 힘(Grit: The Power of Passion and Perseverance)』, New York: Scribner.

— 과업완수 지향성에 대해 더 자세히 알고 싶다면 고 캐럴 미드글리가 편저자를 맡아 과업완수 지향성과 관련된 목표 구조를 다룬 다음의 2002년 출간작을 참고하기 바람. Goals, Goal Structures, and Patterns of Adaptive Learning, New York: Routledge. 이 책에 서술된 개념들은 발전형 마음가짐과 그릿을 강조하는 현재의 주장에 토대가 되어주고 있다. 또 다른 토대 자료를 살펴보고 싶다면 다음 논문을 참조 바람. Carol S. Dweck(1986), 'Motivational Processes Affecting Learning', American Psychologist 41(10):1040~1048.

— 이 장에서의 강조되는 자신감은 동기심리학에서 다루는 자기효능감의 개념과 동일한 개념이다. 자기효능감에 관련해서 정평 있는 참고문헌을 보고 싶다면 다음을 참조 바람. Albert Bandura(1982), 'Self-Efficacy Mechanism in Human Agency', American Psychologist 37(2):122~147.

— 목표에 대한 연구가 궁금하다면 다음을 참조 바람. William Damon(2009), The Path to Purpose. William Damon, Jenni Menon, and Kendall Cotton Bronk(2003), 'The Development of Purpose During Adolescence'. 두 문헌 모두 2장에서 밝힌 참고문헌이다.

— 매기 영의 이름은 가명이지만 그녀의 지도교사 이름은 가명이 아님을 밝혀 둔다.